油田泵机组节能监测与评价方法

马建国　主编

U0317345

石油工业出版社

内 容 提 要

本书针对油田常用泵机组,介绍了其基本原理、节能监测方法、节能评价方法、节能途径和节能提效技术。

本书可作为油田能源管理人员的业务指南、节能监测人员的技术手册,也可作为相关技术人员的培训教材。

图书在版编目(CIP)数据

油田泵机组节能监测与评价方法/马建国主编.
北京:石油工业出版社,2017.7
ISBN 978 - 7 - 5183 - 1985 - 5

Ⅰ. ①油… Ⅱ. ①马… Ⅲ. ①采油泵 - 机组 - 节能 - 监测 - 研究 ②采油泵 - 机组 - 节能 - 评价 - 研究 Ⅳ. ①TE933

中国版本图书馆 CIP 数据核字(2017)第 145056 号

出版发行:石油工业出版社
　　　　(北京安定门外安华里 2 区 1 号　100011)
　　　　网　　址:www.petropub.com
　　　　编辑部:(010)64523548　图书营销中心:(010)64523633
经　　销:全国新华书店
印　　刷:北京中石油彩色印刷有限责任公司
2017 年 7 月第 1 版　2017 年 7 月第 1 次印刷
880 毫米×1230 毫米　开本:1/32　印张:7.125
字数:190 千字
定价:38.00 元
(如出现印装质量问题,我社图书营销中心负责调换)

《油田泵机组节能监测与评价方法》
编　写　组

主　　编：马建国

副主编：蒲　明　贾春虎　廉守军

成　　员：雷　钧　王宏明　王海军

李　辉　周学军　田春雨

濮新宏　徐秀芬

前　　言

  泵是油田生产中的主要动力设备,在油田地面集输、注水和注聚合物等生产环节中发挥着重要作用。目前在油田生产中,较为常用的泵类型有离心泵、往复泵和螺杆泵三种。

  如何通过节能监测确保油田泵机组高效低耗运行,是能源管理的重点工作。通过对流量、吸入压力、排出压力和电动机功率等参数的测试,分析计算泵、机组和系统的效率,采用相应的评价方法对油田泵机组运行过程进行综合评价,进而根据评价结果采取切实可行的节能技术改造措施,对于油田企业的节能管理具有重要意义。

  本书涵盖了油田常用泵机组的基本原理、节能监测方法、节能评价方法、节能途径和节能提效技术等知识。全书共分为5章:

  第1章介绍了泵机组的基础知识,包括泵所涉及的水力学基础知识、泵技术的发展、油田常用泵的特性参数与工作原理。本章主要为泵机组能量损失分析提供理论铺垫。

  第2章在泵机组节能监测要求、主要测试参数和相关监测仪器选取等内容铺垫的基础上引出具体的节能监测方法,并着重介绍了泵机组相关能效指标计算方法。本章主要为油田节能监测工作的开展提供技术指导。

  第3章介绍了包括原油集输系统、注水系统、注聚合物系统在内的泵机组节能评价指标,阐述了主观法、客观法以及主客观结合法等泵机组节能评价方法,并列举了相应的评价实例。本章主要为油田泵机组的节能评价提供理论依据。

  第4章分析了油田常用泵类的能量损失分布规律,并结合油田现场实例阐述其节能途径,最后介绍了泵类节能产品节能效果的测试方法与评价指标。本章主要为油田企业实施泵机组系统节能降耗措施提供参考。

第5章介绍了高效泵选型、泵的优化运行、泵机组节能改造技术和调速技术。本章主要为确保泵机组的长期高效运行提供技术支持。

本书具有较高的技术性、实用性和系统性,可作为油田能源管理人员的业务指南、油田泵机组监测人员的技术手册,也可作为相关技术人员的培训教材。

本书主要技术观点得益于中国石油天然气集团公司节能技术监测评价中心(廉守军、王宏明、李辉、田春雨)多年的现场实践与技术积累,并获得中国石油长庆油田分公司技术监测中心(贾春虎、雷钧、王海军、周学军、濮新宏)的技术支援;中国石油规划总院蒲明主任工程师提供了宝贵的技术指导;在文稿整理方面获得了东北石油大学徐秀芬教授的鼎力相助,在此一并表示感谢。

受限于编者能力水平,不妥之处恐难避免,欢迎广大读者批评指正。

2016 年 4 月

目　　录

1　泵机组基础知识

泵是被某种动力机驱动,将动力机轴上的机械能传递给它所输送的液体,使液体能量增加的机器。泵的种类繁多,按其作用原理主要可分为叶片式泵和容积式泵。依靠工作轮高速旋转,通过叶片与液体的互相作用,将能量传给液体的泵称为叶片式泵,如离心泵、轴流泵等。通过工作腔容积的周期性变化(容积增大,吸入液体;容积减小,挤出液体,把机械能转变为液体能)将能量传给液体的泵称为容积式泵,如往复泵和螺杆泵。原动机、泵、调速装置和传动机构所组成的装置称为泵机组。

1.1　水力学基础

泵在输送流体过程中与水力学密切相关,水力学是进行泵节能分析的基础。本节对水力学相关知识进行简要介绍。

1.1.1　流体的基本概念

流体是指可以流动的物质,是液体和气体的总称,由大量的、不断地做热运动且无固定平衡位置的分子构成。流体的基本特征是没有一定的形状和具有流动性。

1.1.2　连续介质假设

流体质点是微观上充分大而宏观上充分小的分子团。连续介质假设认为:质点之间没有空隙,连续地充满流体所占有的空间,流体的运动可近似看作是由无数个流体质点所组成的连续介质的运动,物理量在时间上或空间上都是连续的。

1.1.3　流体的主要物理性质

流体的主要物理性质包括流体的密度、压缩性、膨胀性、黏滞性和表面张力等。

1.1.3.1　流体的密度和重度

对于均质流体,其单位体积的质量称为密度,以符号 ρ 表示,即有式(1.1):

$$\rho = \frac{m}{V} \qquad (1.1)$$

式中　ρ——流体的密度,kg/m^3;

　　　m——流体的质量,kg;

　　　V——流体的体积,m^3。

对于非均质流体,某一点的密度可表示为式(1.2):

$$\rho = \lim_{V \to 0} \frac{m}{V} \qquad (1.2)$$

地球上的物体都会受到地心引力作用,这种地球对物体的引力称为重量或重力。对于质量为 m 的液体,其重量为[式(1.3)]:

$$G = mg \qquad (1.3)$$

式中　G——流体的重量,N;

　　　g——重力加速度,m/s^2。

流体的体积随着温度和压强的变化而变化,因此在表示某种流体的密度时,必须指出所处温度和压强条件。

液体的相对密度 d 是指液体的密度与标准大气压下同体积、温度为4℃的蒸馏水密度之比,是量纲为1的量,即为式(1.4):

$$d = \frac{\rho}{\rho_w} \qquad (1.4)$$

式中　ρ_w——4℃水的密度,kg/m^3。

气体相对密度是指在同样的压强和温度条件下,气体密度与空气密度的比值。常用流体的密度见表1.1。

表 1.1　常用流体的密度

流体名称	温度,℃	密度,kg/m³	流体名称	温度,℃	密度,kg/m³
蒸馏水	4	1000	熔化生铁	1200	7000
海水	15	1020~1030	空气	0	1.293
普通汽油	15	700~750	氧	0	1.429
石油	15	880~890	氮	0	1.251
润滑油	15	890~920	氢	0	0.0899
甘油	0	1260	一氧化碳	0	1.25
酒精	15	790~800	二氧化碳	0	1.976
水银	0	13600	二氧化硫	0	2.927

1.1.3.2　流体的压缩性

当流体的温度不变,而外界的压强增大时,流体的体积减小,这种物理性质称为流体的压缩性。

衡量流体压缩性的大小用体积压缩系数表示,其物理意义为在一定温度下,变化单位压强所引起的体积变化率,即有式(1.5):

$$\beta_p = -\frac{dV/V}{dp} \tag{1.5}$$

式中　β_p——体积压缩系数,Pa^{-1};

　　V——流体原有体积,m^3;

　　dV——流体体积的变化量,m^3;

　　dp——流体压强的变化量,Pa。

体积弹性系数为体积压缩系数的倒数,以符号 E 表示,即为式(1.6):

$$E = \frac{1}{\beta_p} = -\frac{dp}{dV/V} \tag{1.6}$$

水在0℃时的体积压缩系数及体积弹性系数见表1.2。

表 1.2　水在 0℃时的体积压缩系数及体积弹性系数

压强,10^5Pa	5	10	20	40	80
β_p,10^{-9}Pa^{-1}	0.529	0.527	0.521	0.513	0.505
E,10^9Pa	1.890	1.898	1.919	1.949	1.980

从表 1.2 中可以看出,水的压缩性非常小,其他液体也是如此。真实的流体都是可压缩的,流体的压缩程度依赖于流体的性质和外界条件。对于液体,一般情况下可忽略其压缩性,当作不可压缩流体。

1.1.3.3　流体的膨胀性

当流体的外界压强不变,而温度升高时,液体的体积增大,这种物理性质称为流体的膨胀性。

衡量流体膨胀性的大小用体积膨胀系数表示,其物理意义为在一定压强下,变化单位温度所引起的体积相对变化率,即有式(1.7):

$$\beta_\mathrm{t} = \frac{\mathrm{d}V/V}{\mathrm{d}t} \qquad (1.7)$$

式中　β_t——体积膨胀系数,K^{-1};

　　　$\mathrm{d}t$——流体温度的变化量,K。

水在一个大气压下的体积膨胀系数见表 1.3。

表 1.3　水在一个大气压下的体积膨胀系数

温度,℃	0~10	10~20	40~50	60~70	90~100
β_t,10^{-4}K^{-1}	0.14	1.50	4.22	5.56	7.19

与压缩性一样,液体的膨胀性也很小,除温度变化很大的情况下,一般工程问题中不必考虑液体的膨胀性。

1.1.3.4　流体的黏滞性

黏滞性是流体具有的一个重要性质。流体在运动时,具有抗剪切变形能力的性质称为流体的黏滞性。当某流层对其相邻层发生相对位移,由于黏滞性的存在,流体在运动中克服内摩擦力或黏性力必然要做功,产生能量损失。

牛顿经过大量的实验,在 1686 年提出了确定流体黏性力的"牛顿内摩擦定律"。为了定量确定黏滞性,取两块互相平行的平板,其间充满流体。下板固定不动,上板以 u_0 的速度作平行于下板的运动,由于流体的黏滞性,两板间流体便发生不同速度的运动状态:黏附在动板下面的流体层将以 u_0 的速度运动,越往下速度越小,直至附在固定板流体层的速度为零,速度分布按直线规律变化,如图 1.1 所示。运动较慢的流体层,在较快的流体层带动下运动;快层受到慢层的阻碍,不能运动得更快。这样相邻流体层发生相对运动时,快层对慢层产生一个切应力,使慢层加速。根据作用力与反作用力原理,慢层对快层有一个反作用力,使快层减速,称为阻力。切力和阻力是一对大小相等,方向相反的力,称为内摩擦力或黏性力。

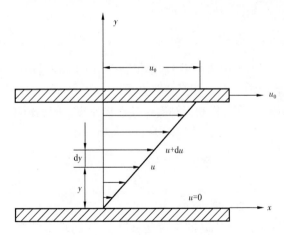

图 1.1　平板间速度分布规律

该实验表明,流层间的内摩擦力或黏性力与平板间流体的速度梯度 $\dfrac{\mathrm{d}u}{\mathrm{d}y}$ 和接触面积 A 成正比,且由流体的性质决定,与压强大小

无关,即为式(1.8):

$$T = \mu \frac{\mathrm{d}u}{\mathrm{d}y} A \qquad (1.8)$$

式中　T——流层间的内摩擦力或黏性力,N;

　　　μ——流体的动力黏度,由流体的性质决定,N·s/m² 或 Pa·s;

　　　$\frac{\mathrm{d}u}{\mathrm{d}y}$——平板间流体的速度梯度,s⁻¹。

　　符合牛顿内摩擦定律的流体称为牛顿流体,否则称为非牛顿流体。

　　单位面积上的内摩擦力,称为黏性切应力,以符号 τ 表示,即有式(1.9):

$$\tau = \mu \frac{\mathrm{d}u}{\mathrm{d}y} \qquad (1.9)$$

式中　τ——黏性切应力,N/m²。

　　在国际单位制中,τ 的单位是 N/m²,$\frac{\mathrm{d}u}{\mathrm{d}y}$ 的单位是 s⁻¹,故 μ 的单位是 N·s/m² 或 Pa·s。在物理单位制中,μ 的单位是泊(P),泊的百分之一称为厘泊(cP)。相互换算关系为:1cP=1mPa·s;1P=100cP。

　　在流体力学中,将动力黏度 μ 与流体密度 ρ 的比值称为运动黏度,以符号 ν 表示,即为式(1.10):

$$\nu = \frac{\mu}{\rho} \qquad (1.10)$$

式中　ν——运动黏度,m²/s。

　　在国际单位制中,ν 的单位是 m²/s。在物理单位制中,ν 的单位是斯(St),斯的百分之一称为厘斯(cSt)。相互换算关系为:1cSt=1mm²/s;1St=100cSt。

　　温度对黏度的影响比较显著。温度升高时液体的动力黏度 μ 值降低,而气体的 μ 值反而上升。这是由于液体分子间距较小,分子间的引力起主要作用,当温度升高时,间距增大,分子间的引力减小。气体分子间距较大,分子间的引力影响较小,根据分子运动理论,分子的动量交换率因温度升高而增加,因而使切应力增加。水和空气在不同温度下运动黏度和动力黏度见表1.4。

表1.4　水和空气在不同温度下动力黏度和运动黏度

温度,℃	水		空气(标准大气压下)	
	动力黏度 μ,cP	运动黏度 ν,cSt	动力黏度 μ,cP	运动黏度 ν,cSt
0	1.792	1.792	0.0172	13.7
5	1.519	1.519	—	—
10	1.308	1.308	0.0178	14.7
15	1.140	1.141	—	—
20	1.005	1.007	0.0183	15.7
25	0.894	0.897	—	—
30	0.801	0.804	0.0187	16.6
40	0.656	0.661	0.0192	17.6
50	0.549	0.556	0.0196	18.6
60	0.469	0.477	0.0201	19.6
70	0.406	0.415	0.0204	20.6
80	0.357	0.367	0.0210	21.7
90	0.317	0.328	0.0216	22.9
100	0.284	0.296	0.0218	23.6

1.1.3.5　流体的表面张力

由于液体表层分子之间相互吸引力的存在,使得液体表面薄层能够承受一定的拉力,称为表面张力。表面张力很小,通常情况下可以忽略不计,仅当液体的表面曲率很大时才考虑。

1.1.4　作用在流体上的力

作用在流体上的力分为两类:质量力和表面力。

1.1.4.1 质量力

质量力作用在每一个流体质点上,并与流体质量成正比。质量力不是因为流体与其他物体接触而产生的力,属于非接触力,常见的重力、惯性力等都属于质量力。

单位质量流体所受到的质量力 f 表示为式(1.11):

$$f = \lim_{\Delta V \to 0} \frac{F}{m} = \frac{F_x}{m}i + \frac{F_y}{m}j + \frac{F_z}{m}k = Xi + Yj + Zk \quad (1.11)$$

式中 F_x, F_y, F_z 分别为流体受到的质量力 F 在 x, y, z 三个坐标方向上的力。X, Y, Z 分别为单位质量流体受到的质量力在 x, y, z 三个坐标方向上的力,即有式(1.12):

$$X = \frac{F_x}{m}, Y = \frac{F_y}{m}, Z = \frac{F_z}{m} \quad (1.12)$$

1.1.4.2 表面力

表面力作用于流体的表面,与作用面积成正比。表面力是由与之接触的其他流体或物体作用在分界面上的力,属于接触力,如大气压力、黏性力等。

表面力可分为与作用面垂直的法向力 p 和与作用面平行的切向力 τ,即有式(1.13)和式(1.14):

$$p = \lim_{\Delta A \to 0} \frac{\Delta P_n}{\Delta A} \quad (1.13)$$

$$\tau = \lim_{\Delta A \to 0} \frac{\Delta P_t}{\Delta A} \quad (1.14)$$

1.1.5 流体静力学

流体静力学研究静止流体所表现的力学特征。

静止是相对的,流体质点间没有相对运动状态,就称为静止流体。

流体的静止状态有两种：一是液体相对于地球没有相对运动的绝对静止状态；二是液体相对于地球有相对运动，但流体质点间没有相对运动的相对静止状态。

由于静止状态的流体没有相对运动，黏滞性表现不出来，因此内摩擦力为零。

1.1.5.1 静压强

在静止流体中，不存在切应力，因此流体中的表面力就是与作用面垂直的法向力 p。设作用在微元面积 ΔA 上的法向力 ΔF，则流体静压强为［式（1.15）］：

$$p = \lim_{\Delta A \to 0} \frac{\Delta F}{\Delta A} \qquad (1.15)$$

常用的压强单位有：帕（Pa）、巴（bar）、标准大气压（atm）、毫米汞柱（mmHg）、米水柱（mH$_2$O），相互换算关系为：$1\text{bar} = 1 \times 10^5 \text{Pa}$；$1\text{atm} = 1.01325 \times 10^5 \text{Pa}$；$1\text{atm} = 760\text{mmHg}$；$1\text{atm} = 10.34\text{mH}_2\text{O}$；$1\text{mmHg} = 133.28\text{Pa}$；$1\text{mH}_2\text{O} = 9800\text{Pa}$。

工程上常用的静压强单位有 kPa（10^3Pa）、MPa（10^6Pa）等。

1.1.5.2 静压强及其特征

处于静止状态的流体，其内部各质点之间、质点对容器的壁面，均有压强的作用。静止流体内部各质点间作用的压强，以及流体质点对容器壁面作用的压强叫做静压强。

静压强有两个基本特征：一是静压强的方向垂直于作用面，并指向作用面；二是任意一点各方向的静压强均相等。

1.1.5.3 流体静力学基本公式

如图 1.2 所示，重力作用下的静止流体，深 h 处的静压强为式（1.16）和式（1.17）：

$$p = p_0 + \rho g h \qquad (1.16)$$

$$p = p_0 + \gamma h \qquad (1.17)$$

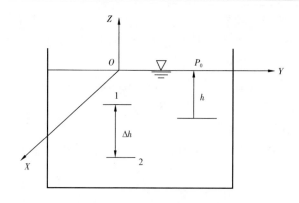

图 1.2 重力作用下的静止流体

已知点 1 处的压强 p_1，则点 2 处的压强 p_2 为式（1.18）：

$$p_2 = p_1 + \rho g \Delta h = p_1 + \gamma \Delta h \qquad (1.18)$$

流体静力学基本公式揭示了静止流体中压强与深度的关系，反映了静压强的分布规律，是流体静力学最基本也是最重要的公式。该公式表明：

1）流体任意一点压强由两部分组成，一部分是液面上的静压强，另一部分是液体自重产生的压强。仅有重力作用下任意一点的静压强，等于液面上的静压强加上流体的重度与该点深度的乘积。

2）当液面上的静压强一定时，在同一种均匀的静止流体中，静压强的大小与深度之间呈线性关系。

3）在同种均质流体中，若各点距液面深度相等，则各点压强相等。由这些压强相等的点组成的面，称为等压面。绝对静止的流体等压面是水平面。

4）由于流体内任意一点的压强都包含液面压强 p_0，因此液面压强 p_0 的变化会引起流体内部所有流体质点上压强相应的变化。

1.1.5.4 流体静压强的计量基准

压强可以从不同的基准算起，因而有不同的表示方法。

1）绝对压强。

以绝对真空为零基准的压强，称为绝对压强，以符号 p_{abs} 表示。对于敞口容器，绝对压强等于大气压强与深度为 h 的液柱所形成的压强之和即有式（1.19）：

$$p_{abs} = p_a + \rho gh \qquad (1.19)$$

式中　p_a——大气压强，Pa。

对于闭口容器，绝对压强等于自由液面处的压强与深度为 h 的液柱所形成的压强之和，即有式（1.20）：

$$p_{abs} = p_0 + \rho gh \qquad (1.20)$$

2）表压强。

以大气压为零基准的压强称为相对压强。绝对压强大于或等于零，相对压强可正可负。当绝对压强大于大气压强时，相对压强大于零，称为表压强，以符号 p_M 表示［式（1.21）］。

$$p_M = p_{abs} - p_a \qquad (1.21)$$

对于同一点的压强，用绝对压强和用相对压强表示虽然数值不同，压强的大小并没有发生变化，只是计算的零基准发生了变化。

3）真空度。

当绝对压强小于大气压强时，相对压强小于零。大气压强与绝对压强的差值称为真空压强或真空度，以符号 p_v 表示，见式（1.22）。

$$p_v = p_a - p_{abs} \qquad (1.22)$$

绝对压强、相对压强和真空度三者之间的关系如图1.3所示。从图中可以看出，绝对压强的基准和相对压强的基准相差一个当地大气压 p_a。绝对压强为正值，最小为零。而相对压强的数值可正可负，当绝对压强小于大气压时，相对压强为负值，此时相对压强和真空度是数值相等、符号相反的两个量。

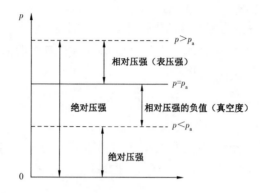

图 1.3 绝对压强、相对压强和真空度的关系

1.1.6 流体运动学

流体运动学主要研究流场中各个运动参数的变化规律,以及这些运动参数之间的关系。

1.1.6.1 描述流体运动的方法

流体质点在空间中运动,需要确定描述流体运动的方法并用数学公式表达出来。在流体力学中描述流体运动的方法有两种:拉格朗日法和欧拉法。拉格朗日法着眼于流体质点,欧拉法着眼于空间点。

1)拉格朗日法。

将整个流体运动作为各个质点运动的总和来考虑,以单个流体质点作为研究对象,设法描述出每个流体质点自始至终的运动过程,即它们的位置随时间变化的规律。如果知道了所有流体质点的运动规律,就可对整个流体运动的全部过程进行全面、系统的认识。但是:

(1)由于流体质点有无穷多个,每个质点运动规律不同,很难跟踪足够多的质点。

(2)数学上存在难以克服的困难。

(3)不需要知道每个质点的运动情况。

又因为有无数多个流体质点,所以必须用某种数学方法区别不同的流体质点。通常用初始时刻 $t = t_0$ 时,用流体质点的坐标 (a,b,c) 来描述不同的流体质点,不同的坐标 (a,b,c) 代表不同的流体质点,于是流体质点的运动规律用数学公式可表示为式(1.23):

$$\boldsymbol{r} = \boldsymbol{r}(a,b,c,t) \tag{1.23}$$

或式(1.24),

$$\begin{cases} x = x(a,b,c,t) \\ y = y(a,b,c,t) \\ z = z(a,b,c,t) \end{cases} \tag{1.24}$$

流体质点的速度可表示为式(1.25):

$$\boldsymbol{u} = \frac{\partial \boldsymbol{r}(a,b,c,t)}{\partial t} \tag{1.25}$$

或式(1.26),

$$\begin{cases} u_x = \dfrac{\partial x(a,b,c,t)}{\partial t} \\ u_y = \dfrac{\partial y(a,b,c,t)}{\partial t} \\ u_z = \dfrac{\partial z(a,b,c,t)}{\partial t} \end{cases} \tag{1.26}$$

流体质点的加速度可表示为式(1.27):

$$\boldsymbol{a} = \frac{\partial^2 \boldsymbol{r}(a,b,c,t)}{\partial t^2} = \frac{\partial \boldsymbol{u}(a,b,c,t)}{\partial t} \tag{1.27}$$

或式(1.28),

$$\begin{cases} a_x = \dfrac{\partial^2 x(a,b,c,t)}{\partial t^2} = \dfrac{\partial u_x(a,b,c,t)}{\partial t} \\[3mm] a_y = \dfrac{\partial^2 y(a,b,c,t)}{\partial t^2} = \dfrac{\partial u_y(a,b,c,t)}{\partial t} \\[3mm] a_z = \dfrac{\partial^2 z(a,b,c,t)}{\partial t^2} = \dfrac{\partial u_z(a,b,c,t)}{\partial t} \end{cases} \quad (1.28)$$

流体质点的压强、密度、温度可分别表示为式（1.29）至式（1.31）：

$$p = p(a,b,c,t) \quad (1.29)$$

$$\rho = \rho(a,b,c,t) \quad (1.30)$$

$$T = T(a,b,c,t) \quad (1.31)$$

a,b,c,t 称为拉格朗日变数。如果固定 a,b,c，而改变 t，则得到初始时刻坐标为 (a,b,c) 处的体质点的运动规律；如果固定 t 而改变 a,b,c，则得到 t 时刻不同流体质点的位置分布。

2）欧拉法。

欧拉法着眼于空间点，而不是流体质点。在空间中的每一点上描述出流体运动随时间的变化状况。如果不同时刻每一空间点的流体运动都已知道，则整个流体的运动状况也就清楚了。欧拉法无法像拉格朗日法直接看出每个质点的位置随时间的变化情况，但是某一时刻经过固定点的流体质点运动情况是可以知道的。

速度场可表示为式（1.32）：

$$\boldsymbol{u} = \frac{\partial \boldsymbol{r}(x,y,z,t)}{\partial t} \quad (1.32)$$

或式（1.33），

$$\begin{cases} u_x = \dfrac{\partial x(x,y,z,t)}{\partial t} \\[3mm] u_y = \dfrac{\partial y(x,y,z,t)}{\partial t} \\[3mm] u_z = \dfrac{\partial z(x,y,z,t)}{\partial t} \end{cases} \qquad (1.33)$$

同样的,密度场、压强场、温度场可表示为式(1.34)至式(1.36):

$$\rho = \rho(x,y,z,t) \qquad (1.34)$$

$$p = p(x,y,z,t) \qquad (1.35)$$

$$T = T(x,y,z,t) \qquad (1.36)$$

x,y,z,t 称为欧拉变数。如果固定 x,y,z 而改变 t,则得到空间中某固定点上各物理量随时间的变化规律;如果固定 t 而改变 x,y, z,则得到 t 时刻各物理量在空间中的分布规律。

采用欧拉法描述流体运动常常比采用拉格朗日法优越,因为欧拉法所得的是场,能够广泛运用场论知识,便于对流体运动进行理论研究,而拉格朗日法没有此优点。另一方面,采用拉格朗日法,加速度 $\dfrac{\delta^2 r}{\delta t^2}$ 是二阶导数,运动方程是二阶偏微分方程组;而在欧拉法中,加速度 $\dfrac{\mathrm{d}u}{\mathrm{d}t}$ 是一阶导数,所得的运动方程是一阶偏微分方程。在数学上一阶偏微分方程组比二阶偏微分方程组容易求解。

1.1.6.2　流体运动的分类

1)按照流体介质划分。

按照流体介质可将流体运动划分为 4 种:牛顿流体流动和非牛顿流体流动、理想流体流动和实际流体流动、可压缩流体流动和不可压缩流体流动、单相流体流动和多相流体流动等。

2)按照流体状态划分。

按照流体状态可将流体运动划分为 5 种:稳定流动和不稳定流动、均匀流和非均匀流、层流流动和紊流流动、有旋流动和无旋流动、亚声速流动和超声速流动等。

(1)稳定流动与不稳定流动:在每一空间点上,流体的全部运动参数都不随时间而变化称为稳定流动,也称恒定流动或定常流动。

假设 A 表示稳定流场中的任意一个物理量,则有式(1.37):

$$A = A(x,y,z) \tag{1.37}$$

或式(1.38),

$$\frac{\partial A}{\partial t} = 0 \tag{1.38}$$

流体的全部或部分运动参数随时间变化称为不稳定流动,也称非恒定流或非定常流。

不稳定流动中至少有一个物理量 A 可表示为式(1.39):

$$A = A(x,y,z,t) \tag{1.39}$$

或式(1.40),

$$\frac{\partial A}{\partial t} \neq 0 \tag{1.40}$$

在工程实际中绝大多数流动属于不稳定流动。由于不稳定流动的复杂性给解决实际问题带来很大的问难,因此常常将运动参数随时间变化不是很明显的流动当作是稳定流动来处理。

(2)均匀流动与非均匀流动:在稳定流中,根据流体的运动参数是否沿程变化,将流动分为均匀流动与非均匀流动。若同一流线上流体质点流速的大小和方向沿程均不变化,所有流线都是平行的直线,称为均匀流动;当流体流线上各质点的运动要素沿程发生变化,流线不是彼此平行的直线时,称为非均匀流动。

3）按照描述流动所需的空间数目划分。

按照描述流动所需的空间数目可划分分为 3 种：一元流动、二元流动和三元流动。

一元流动的速度场可描述为式（1.41）：

$$
\begin{cases}
u_x = u_x(x,t) \\
u_y = 0 \\
u_z = 0
\end{cases}
\tag{1.41}
$$

二元流动的速度场可描述为式（1.42）：

$$
\begin{cases}
u_x = u_x(x,y,t) \\
u_y = u_y(x,y,t) \\
u_z = 0
\end{cases}
\tag{1.42}
$$

三元流动的速度场可描述为式（1.43）：

$$
\begin{cases}
u_x = u_x(x,y,z,t) \\
u_y = u_y(x,y,z,t) \\
u_z = u_z(x,y,z,t)
\end{cases}
\tag{1.43}
$$

1.1.6.3 流体运动学的基本概念

1）迹线。

在一段时间内，某一质点在空间运动的轨迹，称为该质点的迹线。迹线与拉格朗日法相适应。

设迹线上某点的微元矢量为 $d\boldsymbol{r}$，则该点的速度为 $\dfrac{d\boldsymbol{r}}{dt}$，即有式（1.44）：

$$
\begin{cases}
\dfrac{dx}{dt} = u_x \\
\dfrac{dy}{dt} = u_y \\
\dfrac{dz}{dt} = u_z
\end{cases}
\tag{1.44}
$$

得到迹线微分方程式(1.45):

$$\frac{dx}{u_x} = \frac{dy}{u_y} = \frac{dz}{u_z} = dt \qquad (1.45)$$

2)流线。

流线是同一时刻不同质点所组成的曲线,曲线上任意一点的速度方向与曲线在该点的切线方向重合。流线与欧拉法相适应。

流线的性质如下:

(1)流线一般不能相交,只能是一条光滑的连续曲线。

(2)流线相交有三种情况:

——在驻点处(流速为零的点);

——在奇点处(流速为无穷大);

——流线相切时。

(3)在不稳定流动中,流线与迹线不重合;在稳定流动中,流线与迹线重合。

流线方程:在流线上任取一点,该点流线微元矢量 dr 与流速 u 相切,则流线方程满足式(1.46)和式(1.47):

$$dr \times u = 0 \qquad (1.46)$$

$$dr \times u = \begin{vmatrix} i & j & k \\ dx & dy & dz \\ u_x & u_y & u_z \end{vmatrix}$$

$$= (u_z dy - u_y dz)i + (u_x dz - u_z dx)j + (u_y dx - u_x dy)k$$

$$= 0 \qquad (1.47)$$

得到流线微分方程式(1.48):

$$\frac{dx}{u_x} = \frac{dy}{u_y} = \frac{dz}{u_z} \qquad (1.48)$$

3）流管、流束、总流。

在流场（运动流体占据的空间）中，任取一封闭的曲线（不是流线），通过此曲线上所有各点做流线，由这些流线围成的管称为流管，如图1.4所示。在无限小的时段内，除流管两端外，流体不能流入或流出流管。

图1.4 流管

充满在流管内部的流体称为流束。过流断面无限小的流束称为微小流束，流束是微小流束的集合。图1.5是过流断面为dA_1和dA_2的流束。当微小流束的过流断面面积趋于零时，微小流束达到极限，即为流线。在恒定流动时，流束形状和位置不会随时间改变；非恒定流动时，流束形状和位置随时间改变。

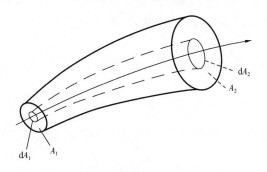

图1.5 流束与总流

过流断面具有一定大小的有限尺寸流束称为总流。总流可看成是流动边界内无数微小流束所组成的总和。总流的过流断面可以是平面，也可以是曲面。总流的同一过流断面上各点的运动要素如速度等不一定都相等。在分析总流的速度等运动要素变化时,可以认为在微小断面 dA 上的各点运动要素相等,这样能利用数学积分方法求出相应的总流断面上的运动要素。

4)过流断面、流量、平均流速。

沿流体流动方向,在流束上取一个横断面,使它在所有各点上都和流线垂直,这一横截面称为过流断面。在均匀流中,过流断面是平面;在非均匀流中,过流断面是曲面,如图 1.6 所示。

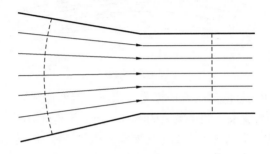

图 1.6 过流断面

单位时间内通过过流断面的流体量称为流量。流量可用体积流量、重量流量和质量流量表示,单位可分别为 m^3/s,kN/s 和 kg/s。

取过流断面上的微元面积 dA,其流速为 u,则微小流束的流量为式(1.49):

$$dQ = u dA \qquad (1.49)$$

总流是微小流束的集合,因此总流的流量为式(1.50):

$$Q = \int_A dQ = \int_A u dA \qquad (1.50)$$

过流断面上各点的流速一般不相同,且过流断面流速分布不易确定,为方便研究,以一个假设的流速 v 代替过流断面各点的实际流速,该流速 v 称为过流断面的平均流速,如图 1.7 所示。

总流的流量 Q 等于过流断面的平均流速 v 与过流断面面积 A 的乘积,即有式(1.51)和式(1.52):

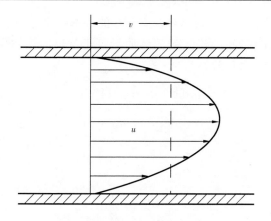

图 1.7 平均流速

$$Q = \int_A u\mathrm{d}A = vA \qquad (1.51)$$

$$v = \frac{Q}{A} = \frac{1}{A}\int_A u\mathrm{d}A \qquad (1.52)$$

1.1.6.4 连续性方程

1)一元稳定流动连续性方程。

在稳定流中任取一流束,设进口 1 – 1 和出口 2 – 2 的有效断面面积分别为 $\mathrm{d}A_1$ 和 $\mathrm{d}A_2$,速度分别为 u_1 和 u_2,密度分别为 ρ_1 和 ρ_2,如图 1.8 所示。

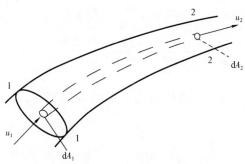

图 1.8 一元稳定流动

质量守恒定律是自然界普遍存在的基本定律之一。根据质量守恒定律,dt 时间内流入的流体质量等于流出的流体质量,即有式(1.53)至式(1.57):

$$\rho_1 dA_1 u_1 dt = \rho_2 dA_2 u_2 dt \qquad (1.53)$$

$$\rho_1 dA_1 u_1 = \rho_2 dA_2 u_2 \qquad (1.54)$$

$$\rho_1 \int_{A_1} u_1 dA_1 = \rho_2 \int_{A_2} u_2 dA_2 \qquad (1.55)$$

$$\rho_1 Q_1 = \rho_2 Q_2 \qquad (1.56)$$

$$Q_{m1} = Q_{m2} \qquad (1.57)$$

由于两个过流断面是任取的,则有式(1.58):

$$Q_m = \rho A v = 常数 \qquad (1.58)$$

对于不可压缩流体,密度为常数,则有:

$$Q = A v = 常数 \qquad (1.59)$$

总流的流量沿程不变,即单位时间内流过任意一个过流断面的流体量都相等。

沿程任意一个过流断面的平均流速与过流断面面积成反比。过流断面大的地方流速小;过流断面小的地方流速大。

2)空间运动连续性微分方程[见式(1.60)]。

$$\frac{\partial \rho}{\partial t} + \frac{\partial(\rho u_x)}{\partial t} + \frac{\partial(\rho u_y)}{\partial t} + \frac{\partial(\rho u_z)}{\partial t} = 0 \qquad (1.60)$$

对于稳定流动,流体密度不随时间而变化,即 $\frac{\partial \rho}{\partial t} = 0$,则有式(1.61):

$$\frac{\partial(\rho u_x)}{\partial t} + \frac{\partial(\rho u_y)}{\partial t} + \frac{\partial(\rho u_z)}{\partial t} = 0 \qquad (1.61)$$

对于不可压缩流体,流体密度为常数,即 $\dfrac{\mathrm{d}\rho}{\mathrm{d}t} = 0$,则有式(1.62):

$$\frac{\partial u_x}{\partial t} + \frac{\partial u_y}{\partial t} + \frac{\partial u_z}{\partial t} = 0 \qquad (1.62)$$

1.1.7　流体动力学

伯努利方程实质上是能量守恒定律在理想流体稳定流动中的体现,它是流体力学的基本规律。伯努利方程表明,流体在忽略黏性损失的流动中,流线上任意两点的位能、压能与动能之和保持不变。

1.1.7.1　理想流体伯努利方程

单位质量不可压缩流体在稳定流条件下沿流线或微小流束的伯努利方程为式(1.63):

$$z_1 + \frac{p_1}{\rho g} + \frac{u_1^2}{2g} = z_2 + \frac{p_2}{\rho g} + \frac{u_2^2}{2g} \qquad (1.63)$$

式中　z_1,p_1,u_1——分别为断面 1 – 1 的高程、压强、流速,m,Pa,
　　　　　m/s;

　　　　z_2,p_2,u_2——分别为断面 2 – 2 的高程、压强、流速,m,Pa,
　　　　　m/s。

适用条件:理想不可压缩流体,质量力只有重力,沿稳定流的流线或微小流束。

物理意义:z 表示单位质量流体的位能;$\dfrac{p}{\rho g}$ 表示单位质量流体的压能;$\dfrac{u^2}{2g}$ 表示单位质量流体的动能。各个过流断面单位质量流体所具有的总机械能(位能、压能和动能之和)沿程保持不变,三种能量之间相互转换。

几何意义:z 表示位置水头;$\dfrac{p}{\rho g}$ 表示压力水头;$\dfrac{u^2}{2g}$ 表示速度水

头。各个过流断面的总水头(位置水头、压力水头和速度水头之和)沿程保持不变,三种水头之间相互转换。

1.1.7.2　实际流体总流的伯努利方程

在流体实际流动过程中,由于流体间的摩擦阻力,以及某些局部部件引起的附加阻力,使得流体在流动过程中产生能量损失。

取总流上任意两个缓变流断面 1 – 1 和 2 – 2,实际流体总流的伯努利方程为式(1.64):

$$z_1 + \frac{p_1}{\rho g} + \frac{\alpha_1 v_1^2}{2g} = z_2 + \frac{p_2}{\rho g} + \frac{\alpha_2 v_2^2}{2g} + h_{w_{1-2}} \qquad (1.64)$$

式中　$h_{w_{1-2}}$——两断面之间的水头损失;

α_1, α_2——能量修正系数,是断面实际动能与断面平均流速计算动能之间的比值。圆管紊流运动中,$\alpha = 1.05 \sim 1.10$;圆管层流运动中,$\alpha = 2$。在工程实际计算中,由于速度水头所占比例较小,故一般常取 $\alpha = 1$。

适用条件:

1)稳定流动。

2)流体为不可压缩流体。

3)作用于流体上的质量力只有重力。

4)所取两计算断面为缓变流断面,但两计算断面之间允许存在急变流。

1.1.7.3　带泵的伯努利方程

当管路与泵连接在一起时,由于泵的工作,把机械能传给液体,使液体本身的能量增加。泵使单位重量液体所增加的机械能称为泵的扬程,用 H 表示,单位为 m。

如果在运用伯努利方程时,所取两个计算断面中一个位于泵的前面,另一个位于泵的后面,那么就必须考虑两个断面之间由于泵的工作而外加给液体的能量,即泵的扬程,此时的伯努利方程为

式(1.65):

$$z_1 + \frac{p_1}{\rho g} + \frac{v_1^2}{2g} + H = z_2 + \frac{p_2}{\rho g} + \frac{v_2^2}{2g} + h_{w_{1-2}} \qquad (1.65)$$

1.1.8 流动状态及判别准则

实际流体由于黏滞性,存在不同的流态。根据雷诺数可判别流体的流态。

1.1.8.1 雷诺实验

雷诺实验装置如图 1.9 所示。通过雷诺实验发现,第一种流动状态主要表现为流体质点的摩擦和变形,称为层流,流体质点做有条不紊的线状运动,是彼此互不混掺的流动,如图 1.10(a)所示。第二种流动状态主要表现为流体质点的互相撞击和掺混,称为紊流(或称为湍流),是流体在流动过程中彼此相互混掺的流动,如图 1.10(c)所示。第三种流动状态为中间的流动状态,表现为层流到紊流的过渡,称为过渡状态,如图 1.10(b)所示。

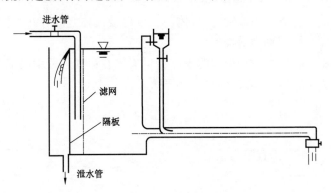

图 1.9　雷诺实验装置

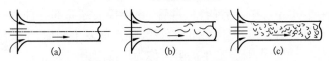

图 1.10　雷诺实验三种流动状态

1.1.8.2　流动状态的判别准则

雷诺通过大量的实验归纳出以一个无量纲数——雷诺数作为流动状态的判别准则。雷诺数表达式为式(1.66)：

$$Re = \frac{vd}{\gamma} \tag{1.66}$$

式中　d——管道内径,m;

　　　γ——运动黏性系数。

工程上取 $Re=2000$ 为临界雷诺数。$Re<2000$ 时,即认为是层流;$Re \geqslant 2000$ 时,即可认为是紊流。

1.1.9　流体阻力及水头损失

由于实际流体具有黏滞性,在流动过程中有相对运动的相邻流层间会产生内摩擦力,损耗一部分机械能。水头损失是单位重量液体自一断面流到另一断面所损失的机械能。

1.1.9.1　沿程阻力及沿程水头损失

流体在管道内流动时,流体与管壁以及流体之间存在摩擦力,这种摩擦阻力称为沿程阻力。

由沿程阻力做功引起的单位重量流体在运动过程中的能量损失称为沿程水头损失,以符号 h_f 表示[见式(1.67)]：

$$h_f = \lambda \frac{l}{d} \cdot \frac{v^2}{2g} \tag{1.67}$$

式中　λ——沿程阻力系数;

　　　l——管路长度,m。

1.1.9.2　局部阻力及局部水头损失

在管道系统中常有阀门、弯管、变径接头等局部管件,流体经过这些局部管件时,流速将重新分布,质点间发生碰撞、生成漩涡,使流体流动受到阻碍,产生的阻力称为局部阻力。

由局部阻力做功引起的单位重量流体在运动过程中的能量损

失称为局部水头损失,以符号 h_j 表示[见式(1.68)]:

$$h_j = \xi \frac{v^2}{2g} \tag{1.68}$$

式中　ξ——局部阻力系数。

1.1.9.3　总水头损失

流体流过管路时,会产生沿程水头损失和局部水头损失。总水头损失 h_w 为各管段的沿程水头损失与所有局部管件的局部水头损失之和,即有式(1.69):

$$h_w = \sum h_f + \sum h_j \tag{1.69}$$

1.1.10　压力管路的水力计算

流动管路一般是压力管路,也就是流体充满全管在一定压差下流动的管路。压力管路中流体压力可以高于大气压(如泵的排出管线),也可以低于大气压(如泵的吸入管线)。压力管路驱动能量可以通过泵获得,也可不加外来能量,完全靠自然位差获得能量来输送液体。在进行压力管路水力计算时,根据沿程水头损失和局部水头损失所占比例的大小,压力管路可分为长管和短管。

长管以沿程水头损失为主,局部水头损失和流速水头所占比例比较小,以至于在一般计算中可以忽略;有时根据实际情况,局部水头损失按 5%~10% 的沿程水头损失进行计算。

短管指局部水头损失和流速水头所占比例比较大,以至于在计算中不能忽略的管路。

由此可见,长管和短管并不是根据管路几何长度来划分的,而是按照能量比例关系来区分。

管路按照结构特点还可分为简单管路和复杂管路。简单管路属于等径无分支管路,指流体从入口到出口均在同一等直径管路中流动,没有出现流体的分支或汇合管路。复杂管路主要包括串联管路、并联管理、分支管路和管网等。

1.1.10.1 简单长管的水力计算

长管在计算时为了简化,可忽略局部水头损失 h_j 和流速水头 $\dfrac{v^2}{2g}$,则能量方程简化为式(1.70):

$$z_1 + \frac{p_1}{\rho g} = z_2 + \frac{p_2}{\rho g} + h_f \qquad (1.70)$$

用 H 表示能量供应,用 h_f 表示能量消耗,则有式(1.71):

$$H = h_f = \left(z_1 + \frac{p_1}{\rho g} \right) - \left(z_2 + \frac{p_2}{\rho g} \right) \qquad (1.71)$$

为了便于工程计算,将沿程水头损失的达西公式作如式(1.72)的变换:

$$h_f = \lambda \cdot \frac{l}{d} \cdot \frac{v^2}{2g} = \lambda \cdot \frac{L}{d} \cdot \frac{\left(\dfrac{4Q}{\pi d^2} \right)^2}{2g} = 0.0826\lambda \cdot \frac{Q^2 L}{d^5} \qquad (1.72)$$

其中沿程阻力系数 λ 见表1.5。

表1.5 不同流态沿程阻力系数的经验公式

流态		Re	λ
层流		$Re < 2000$	$\lambda = \dfrac{64}{Re}$
紊流	水力光滑区	$2000 < Re < \dfrac{59.7}{\varepsilon^{\frac{8}{7}}}$	$\lambda = \dfrac{0.3164}{Re^{0.25}}$
	混合摩擦区	$\dfrac{59.7}{\varepsilon^{\frac{8}{7}}} < Re < \dfrac{665 - 765\lg\varepsilon}{\varepsilon}$	$\dfrac{1}{\sqrt{\lambda}} = -1.8\lg\left[\dfrac{6.8}{Re} + \left(\dfrac{\Delta}{3.7d} \right)^{1.11} \right]$
	粗糙区	$Re > \dfrac{665 - 765\lg\varepsilon}{\varepsilon}$	$\lambda = \dfrac{1}{\left(2\lg\dfrac{3.7d}{\Delta} \right)^2}$

注:Δ 为管壁的粗糙度;ε 为管壁的相对粗糙度,$\varepsilon = \dfrac{\Delta}{d}$。

沿程水头损失也可通过列宾宗公式[式(1.73)]计算求得:

$$h_\mathrm{f} = \beta \cdot \frac{Q^{2-m}\gamma^m}{d^{5-m}} \cdot l \qquad\qquad (1.73)$$

式中　h_f——沿程水头损失,m;

　　　β——与流态有关的系数,s^2/m;

　　　Q——管路流量,m^3/s;

　　　m——流态指数;

　　　γ——流体运动黏度,m^2/s;

　　　d——管路内径,m;

　　　l——管路长度,m。

不同流态区的 β 值和 m 值如表 1.6 所示。

表 1.6　不同流态区的 β 值和 m 值

流态		m	β	备注
层流		1	4.15	
紊流	水力光滑区	0.25	0.0246	
	混合摩擦区	0.123	0.0802A	$A = 10^{0.127\lg\frac{\Delta}{d}+0.627}$
	粗糙区	0	0.0826λ	$\lambda = 0.11\left(\dfrac{\Delta}{d}\right)^{0.25}$

管道管壁绝对粗糙度可按表 1.7 确定。

表 1.7　管道管壁绝对粗糙度

管壁表面特征	绝对粗糙度 Δ,mm	管壁表面特征	绝对粗糙度 Δ,mm
清洁无缝钢管、铝管	0.0015 ~ 0.01	新铸铁管	0.25 ~ 0.42
新精制无缝钢管	0.04 ~ 0.15	普通铸铁管	0.50 ~ 0.85
通用输油钢管	0.14 ~ 0.15	生锈铸铁管	1.00 ~ 1.50
普通钢管	0.19	结水垢铸铁管	1.50 ~ 3.00
涂沥青钢管	0.12 ~ 0.21	光滑水泥管	0.3. ~ 0.80
普通镀锌钢管	0.39	粗糙水泥管	1.00 ~ 2.00
旧钢管	0.50 ~ 0.60	橡皮软管	0.01 ~ 0.03

1.1.10.2　复杂长管的水力计算

串联管路和并联管路是计算复杂管路的基础。

1)串联管路。

由不同长度、不同直径的管段无分支地依序连接的管路称为串联管路。如图 1.11 所示为几段长管串联组成的管路系统。

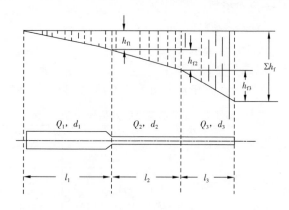

图 1.11　串联管路

串联管路的特点：

(1)各管段流量相等,即有式(1.74)：

$$Q = Q_1 = Q_2 = \cdots = Q_n \qquad (1.74)$$

(2)全管路总水头损失为各管段水头损失之和,即有式(1.75)：

$$h_f = h_{f1} + h_{f2} + \cdots + h_{fn} \qquad (1.75)$$

2)并联管路。

自一点分离而又汇合到另一点的两条或两条以上的管路为并联管路。如图 1.12 所示是由三条管路并联组成的管路系统。

并联管路的特点：

(1)进入各并联管路的总流量等于流出各并联管路的流量之和,即有式(1.76)：

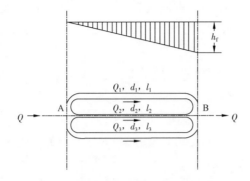

图 1.12 并联管路

$$Q = \sum Q_i = Q_1 + Q_2 + \cdots + Q_n \qquad (1.76)$$

(2)各并联管段的水头损失相等,即有式(1.77):

$$h_f = h_{f1} = h_{f2} = \cdots = h_{fn} \qquad (1.77)$$

3)分支管路。

分支管路是指在流体入口或出口处连接在一起,而另一端分开不相连接的管路。油田注水管网、集输管网和生活给水管路等都属于分支管路。分支管路的特点是相当于串、并联管路的特殊情况。

分支管路的两个基本特点如下:

(1)各节点处出入流量平衡。

(2)沿任意一条干线上总水头损失为各段水头损失的总和。

分支管路的计算内容主要包括:

(1)根据管线布置选定主干线,一般以从起点到最远点为主干线。

(2)按各终点流量要求,从末端前推,分配各管段流量。

(3)根据流量及合理流速,选定各段管径。

(4)计算干线各段水头损失,确定干线上各节点处的压头,进而推算起点压头,以确定泵压。

(5)以计算出的节点压头为准,确定各支管的水头损失,再根据设定的管径校核水头损失。如对比后相差过大,需要重选支管径。

1.1.10.3　短管的水力计算

短管系统管件较多,沿程直径也有变化,通常可直接由能量方程求解,但计算起来比较烦琐。为了使计算简化,常先把所有阻力系数综合在一起,再代入能量方程,或作出管路特性曲线,就可以方便地解各类问题了。

如图 1.13 所示的短管管路总水头损失为所有沿程水头损失和所有局部水头损失的总和,即有式(1.78):

$$
\begin{aligned}
h_{\mathrm{w}} &= \sum h_{\mathrm{f}} + \sum h_{\mathrm{j}} \\
&= \left(\lambda_1 \cdot \frac{L_1 + L_2 + L_3}{d_1} \cdot \frac{v_1^2}{2g} + \lambda_2 \cdot \frac{L_4 + L_5}{d_2} \cdot \frac{v_2^2}{2g} \right) \\
&\quad + \left(\xi_1 \cdot \frac{v_1^2}{2g} + 2\xi_2 \cdot \frac{v_1^2}{2g} + \xi_3 \cdot \frac{v_2^2}{2g} + \xi_4 \cdot \frac{v_2^2}{2g} \right)
\end{aligned} \tag{1.78}
$$

式中　v_1,v_2——粗、细管的流速,m/s;

　　　λ_1,λ_2——粗、细管的沿程摩阻系数;

　　　ξ_1,ξ_2,ξ_3,ξ_4——各局部管件的局部阻力系数;

　　　L_1,L_2——直径为 d_1,d_1 的管路长度,m。

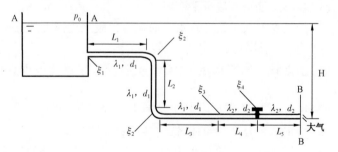

图 1.13　短管管路

由连续性方程得式(1.79):

$$v_1 = \left(\frac{d_2}{d_1}\right)^2 v_2 \qquad (1.79)$$

代入式(1.77),整理后得式(1.80):

$$h_w = \left(\lambda_1 \cdot \frac{L_1 + L_2 + L_3}{d_1} + \xi_1 + 2\xi_2\right) \cdot \frac{v_1^2}{2g} + \left(\lambda_2 \cdot \frac{L_4 + L_5}{d_2} + \xi_3 + \xi_4\right) \cdot \frac{v_2^2}{2g}$$

$$= \left[\left(\lambda_1 \cdot \frac{L_1 + L_2 + L_3}{d_1} + \xi_1 + 2\xi_2\right) \cdot \left(\frac{d_2}{d_1}\right)^4 + \left(\lambda_2 \cdot \frac{L_4 + L_5}{d_2} + \xi_3 + \xi_4\right)\right] \cdot \frac{v_2^2}{2g}$$

$$(1.80)$$

令 $\xi_c = \left(\lambda_1 \cdot \dfrac{L_1 + L_2 + L_3}{d_1} + \xi_1 + 2\xi_2\right) \cdot \left(\dfrac{d_2}{d_1}\right)^4 + \left(\lambda_2 \cdot \dfrac{L_4 + L_5}{d_2} + \right.$

$\left. \xi_3 + \xi_4 \right)$ 为综合阻力系数,式(1.80)改写为式(1.81):

$$h_w = \xi_c \frac{v^2}{2g} \qquad (1.81)$$

其中 $v = v_2$。

1.2 泵机组概述

1.2.1 泵技术的发展

利用离心力输送流体的想法最早出现在列奥纳多·达芬奇所作的草图中。1689年,法国物理学家帕潘发明了四叶片叶轮的蜗壳离心泵。但更接近于现代离心泵的,则是1818年在美国出现的具有径向直叶片、半开式双吸叶轮和蜗壳的所谓马萨诸塞泵。1851~1875年,带有导叶的多级离心泵相继被发明,使得发展高扬程离心泵成为可能。到19世纪末,高速电动机的发明使离心泵获得理想动力源之后,它的优越性才得以充分发挥。在英国的雷诺和德国的普夫莱德雷尔等许多学者的理论研究和实践的基础上,离心泵的效率大大提高,它的性能范围和使用领域也日益扩大,已成为现代应用最为广泛的一种泵。

1840～1850 年,美国沃辛顿发明泵缸和蒸汽缸对置、蒸汽直接作用的活塞泵,标志着现代活塞泵的形成。19 世纪是活塞泵发展的高潮时期,当时已用于水压机等多种机械中。然而随着需水量的剧增,从 20 世纪 20 年代起,低速的、流量受到很大限制的活塞泵逐渐被高速的离心泵等回转泵所代替,但是在高压小流量领域往复泵仍占有主要地位,尤其是隔膜泵、柱塞泵等独具特点,应用日益增多。

德国耐驰公司是世界上第一台单螺杆泵的发明者;Warren 公司于 1890 年发明了全球第一台双螺杆泵;三螺杆泵是 1931 年由瑞典 IMO 公司发明并制造的;德国鲍诺曼泵业有限公司于 1934 年设计制造了世界上第一台外置轴承双螺杆泵;始建于 1956 年的天津泵业集团是我国第一台螺杆泵的诞生地。

我国泵产品来源主要可分为联合设计、引进和自行开发等。

1)联合设计产品。

20 世纪 60～80 年代,以沈阳水泵厂为主,组织有关泵厂进行许多种泵的联合设计。这些泵当时都是国内的主导产品,至今仍在生产,但是有些产品的结构、性能指标比较落后。

2)引进产品。

自 20 世纪 80 年代以后,我国大量从国外引进泵技术,并随着外国泵公司以合资或独资的形式陆续进入我国,也带进了一些新的泵产品技术。引进的泵产品技术比较成熟,性能比较先进,对推动我国泵技术的发展起到了重要作用,成为我国泵产品的主体,至今仍大量生产。但其中有的产品在结构或性能方面也存在一些问题,应当进一步改进。

3)外国在华合资(独资)泵企业的产品。

外国在华合资泵企业的主要产品质量大都比国内产品好,尽管价格高,但销售情况很好。

4）自行开发产品。

我国自行研发的泵产品质量虽然不及国外产品，但产品质量逐年提高。

随着计算机技术的发展，泵的水力设计已由计算机设计代替人工设计计算，绘图软件代替手工绘图，而且快速、准确。泵的模具、叶片和重要零件开始用数控机床加工，从而可以提高泵的制造质量。

1.2.2　油田常用泵

泵的种类有很多，按作用原理分可分为：叶片式泵、容积式泵和其他类型泵三大类。

1）叶片式泵：它依靠工作轮高速旋转，通过叶片与液体的互相作用，将能量传给液体，如离心泵、混流泵、轴流泵、旋涡泵等。

2）容积泵：它是利用工作室容积周期性的变化来实现流体的增压与输送，如活塞（柱塞）泵、齿轮泵、螺杆泵、隔膜泵等。

3）其他类型泵：包括只改变液体位能的泵，如水车等；利用液体能量来输送液体的泵，如喷射泵、水锤泵等；依靠电磁力的作用来输送液体的泵，如电磁泵等。

泵广泛应用于油气生产的各个工艺过程中，常按用途冠以相应的名称。例如，在钻井工艺过程中，为了清除井底岩屑及冷却钻头等，利用高压往复泵向井底输送和循环钻井液，称为钻井泵；固井工艺中，应用高压往复泵向井底注入高压水泥浆，称为固井泵；采油生产中，利用高压多级离心泵或往复泵往油层中注水以保持地层压力，提高采收率，称为注水泵；利用高压往复泵对油、水层进行压裂和酸化，提高地层的渗透率，以达到增产和增注的目的，称为压裂泵；油气集输工艺中，采用离心泵或螺杆泵机组输送油、水或油气水混合物，称为输油泵或混输泵；此外，还有其他多种用途的泵，如热洗泵、加药泵等。

1.3 离心泵

离心泵主要用在油田注水、供排水、油品输送以及作为钻井泵的灌注用泵等。

1.3.1 离心泵的结构和工作原理

1.3.1.1 离心泵的结构组成

以单级离心泵为例,离心泵主要由叶轮、泵壳、导轮、轴、轴承、密封装置及轴向力平衡装置组成。

1)叶轮。

叶轮是离心泵中最重要的部件,它把发动机的能量传给液体。

叶轮上有叶片。离心泵的叶轮常用铸铁制成,热油泵的叶轮可用铸钢或用合金钢制造,而输送腐蚀性液体的叶轮则可用青铜来制造。

叶轮分为闭式、半开式和开式三种,如图 1.14 所示。闭式叶轮有两个盖板或轮盖;半开式只有带轮毂的一个盖板,开式的只有叶片,没有盖板,叶片直接铸在轮毂上。

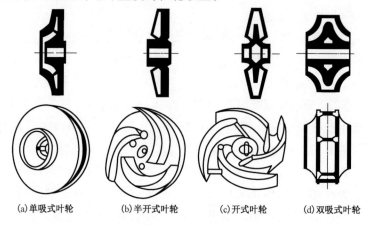

(a)单吸式叶轮　　(b)半开式叶轮　　(c)开式叶轮　　(d)双吸式叶轮

图 1.14　叶轮

叶轮可以是单吸式或双吸式的。图 1.14(a)为单吸式叶轮,它由两个盖板(轮盖)组成,一个盖板带有轮毂,泵轴从其中通过,另一个盖板形成了吸入孔,盖板之间铸有叶片,每两个相邻叶片与前后盖板之间形成一系列流道,叶片一般为 6~12 片。双吸式叶轮两个轮盖上都有吸入孔,液体从两侧同时进入叶轮,如图 1.14(d)所示。

2)泵壳(泵体)。

泵壳是液体的收集装置,也是一个转能装置,分为蜗壳和有导轮的透平式泵壳两种。

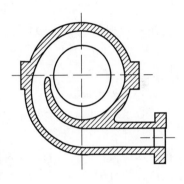

图 1.15　泵壳

蜗壳(也称螺壳)式离心泵在叶轮排出侧具有螺旋形壳体,通常把这个螺旋形体称为蜗壳。如图 1.15 所示,它引导从叶轮流道间流出的液体,进入压出管或排出管。随着流道断面逐渐增大,使液流平缓地降低流速,将动能转变为压能。螺旋形泵壳为水平剖分式,由上、下两半合成,拆装检修方便。一般单级泵都用蜗壳式泵壳。在多级泵中,在最后一级用蜗壳。

透平式泵是一种在叶轮外围装有导叶的离心泵,主要用于节段式多级离心泵。这种泵的壳体,按与主轴垂直的平面分成三个基本部分,分别为吸入壳(吸入段)、吐出壳(吐出段)、中壳(中段,也称导流壳体,叶轮外侧具有导叶),每个节段内装有一个叶轮和一个导轮。导轮外围再用泵壳罩起来,所以每一节段就如同一台单级离心泵,大多数高扬程的离心泵都采用这种基本型式。

3)导轮。

导轮装在叶轮外缘并固定在泵壳上,用于多级离心泵中,使液体按规定方向流动,并且使液体的部分动能转换成压能,导轮上有叶片,称为导叶。

4）密封装置。

为了保证泵正常高效使用,应当防止液体外漏或外界空气吸入泵内,必须在叶轮与泵壳之间、轴与壳体之间都装有密封装置。

可在叶轮与泵壳之间采用密封环密封。密封环是密封装置的一种,用来防止液体通过叶轮和泵壳间的间隙从叶轮排出口流回吸入口,以提高泵的容积效率,同时承受叶轮与泵壳接缝处可能产生的机械摩擦,磨损后可只换密封环而不必更换贵重的泵壳或叶轮。

在泵壳和泵轴之间,为了防止外界空气侵入以及泵内液体漏出,可用盘根盒密封,可以用浸石墨的石棉绳做填料,由套筒及压盖压紧。

5）轴向力平衡装置。

离心泵运行时,由于叶轮前后两侧压力不同,前盖板侧压力低,后盖板侧压力高,产生了一个作用在转子上、与轴线平行、指向叶轮吸入口的轴向力。特别是对于多级离心泵,这个力很大,往往可以达到数万牛顿,使整个转子压向吸入口,不仅可能引起动静部件碰撞和磨损,而且还会增加轴承负荷,导致机组振动,对泵的正常运行十分不利,所以需要采取措施来平衡轴向力。对于单级离心泵可采用双吸式叶轮,使轴向力相互抵消,或者采用开平衡孔或装平衡管的办法。对于多级离心泵,可对称布置叶轮,或采用平衡鼓或自动平衡盘来平衡轴向力。

1.3.1.2 离心泵的工作原理

离心泵是基于离心力原理工作的。离心泵开始工作后,充满叶轮的液体,由弯曲的叶片带动高速旋转,在离心力的作用下,液体沿叶片间的空间所形成的流道,由叶轮中心甩向边缘,再通过螺形泵壳(简称螺壳或蜗壳)流向排出管。随着液体的不断排出,在泵的叶轮中心形成真空,在大气压力作用下,吸入池中液体源源不断地流入叶轮中心,再由叶轮甩出,形成均匀平稳的液流。如图1.16所示。

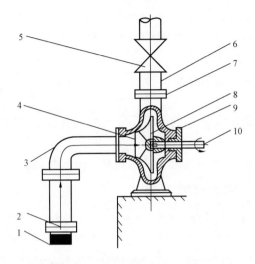

图 1.16　离心泵装置结构简图

1—滤网;2—底阀;3—吸入管;4—吸入口;5—调节阀;6—排出管;

7—排出口;8—叶轮;9—泵壳;10—泵轴

　　泵的叶轮把泵轴的机械能传给液体,变成液体的动能和压能;泵的螺壳的作用是收集从叶轮甩出的液体,并引导到排出口的扩散管,由于扩散管的断面是逐渐增大的,就使得液体流速平缓下降,把部分动能转化为压能,在吸入管与排出口的扩散管处分别装有真空表和压力表,以了解泵的工作情况。

　　在泵壳顶部,装有漏斗(图中未画出),用以在开泵前向泵内灌水(对于泵的轴心线高于吸入池液面的情况)。泵的吸入管下端装有底阀(单向阀)及滤网,起过滤作用,安装底阀在开泵前灌泵时能防止液体倒流入吸液池。排出管上装有用以调节流量的阀门。

1.3.1.3　离心泵的工作特点

　　离心泵的工作原理和能量转换方式与往复泵相比有以下不同:

　　1)离心泵内的液体是连续流动的,能量连续地由叶片传给液体,所以离心泵流量均匀,压力平稳。

2)离心泵结构简单,可用高速原动机直接驱动叶轮高速转动,不需要机械减速装置。在流量和扬程相同的情况下,与往复泵相比,机组尺寸小、重量轻。

3)离心泵无往复运动件,易损件少,因此其维修工作量比往复泵小。

4)由于离心泵的流量可用阀门调节,因而调节流量比往复泵方便。

但是,离心泵在输送高含砂和高黏度液体时问题较多。

1.3.2 离心泵的分类

离心泵的可按叶轮数目、叶轮的吸入方式、泵轴方向等进行分类。

1)按叶轮数目分类:按叶轮数目可分为单级泵和多级泵。

单级泵:在泵轴上只有一个叶轮,进入泵的液体仅一次通过叶轮。

多级泵:在同一根泵轴上装有两个或两个以上的叶轮,液体依次通过各级叶轮,泵的扬程是各级叶轮扬程之和,见图1.17。

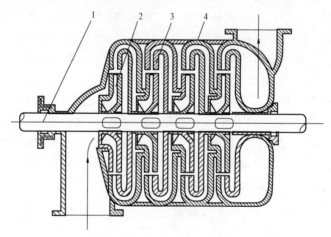

图1.17　多级离心泵结构图

1—泵轴;2—叶轮;3—导轮;4—泵壳

2)按叶轮的吸入方式分类:按叶轮的吸入方式可分为单吸泵和双吸泵。

单吸泵:叶轮仅一侧有吸入口。

双吸泵:液体从叶轮两侧吸入,叶轮具有两个吸入口。

3)按泵轴方向分类:按泵轴方向可分为卧式泵、立式泵和斜式泵等。

卧式泵:泵轴为水平方向。

立式泵:泵轴为垂直方向。

斜式泵:泵轴与水平面具有倾斜角度。

此外,还可根据壳体剖分形式(径向、轴向)、驱动方式(直接连接式、齿轮传动式、液力耦合器传动式、皮带传动式)和用途等进行分类。

1.3.3 离心泵的性能参数

标志离心泵性能的基本参数,包括流量、扬程(或压头)、功率、效率及转速等。

1)流量 Q。

单位时间内,从泵出口排出到管路中去的液体体积,m^3/s。

2)扬程 H。

泵加给单位重量所输送液体的能量,或单位重量所输送液体经过泵后能量的增加值,m。

3)功率。

(1)泵输出功率 P_{out}:泵传递给所输送液体的功率,kW,$P_{out} = \rho gQH \times 10^{-3}$;

(2)泵输入功率 P_{in}:泵轴所接受的功率,kW;

(3)原动机输入功率 P_m:泵的原动机所接受的功率或原动机的输入功率,kW。

4)效率。

(1)泵效率 η:泵输出功率与输入功率之比,以百分数表示。

（2）泵机组效率 η_{ov}：泵输出功率与原动机输入功率之比，以百分数表示。

5）泵速（转速）n。

泵轴旋转的速度，即单位时间（每分钟）内泵轴的旋转次数，r/min。

1.3.4　离心泵的性能曲线

把离心泵的扬程 H、效率 η 和输入功率 P_{in} 等性能参数与流量 Q 之间的关系，画在直角坐标系中，称为离心泵的性能曲线（也称特性曲线），其中表示泵的流量和扬程之间关系的 $H-Q$ 曲线用途最大。了解和运用这种特性曲线，就能正确地选择和使用离心泵，确定合适的发动机功率，使泵在最有利的工况下工作，并能解决操作中所遇到的许多实际问题。

获得离心泵性能曲线最方便、最可靠的途径是用实验方法直接进行测量。我国各有关制造厂在生产每一种型号的离心泵时，都要进行离心泵性能曲线的测试，并把实测取得的性能曲线列入泵的产品样本中，以供用户选择和使用。

图 1.18 为测试离心泵性能曲线的装置图，泵的吸入和排出管

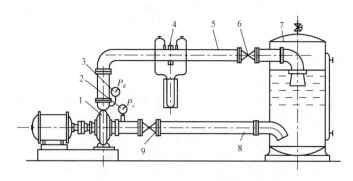

图 1.18　离心泵性能试验装置图

1—离心泵；2—真空表；3—压力表；4—流量计；5—排出管；
6—排出阀门；7—水罐；8—吸入管；9—吸入阀门

线的直径相同。在试验过程中维持发动机的转速不变,调节排出闸门,分别记录不同开启度时的压力和流量,同时测定泵轴消耗的功率。

在排出闸门不同开启度时,泵的扬程为[式(1.82)]:

$$H = H_0 + \frac{p_d - p_a}{\rho g} + \frac{p_a - p_s}{\rho g} = H_0 + \frac{p_g}{\rho g} + \frac{p_v}{\rho g} \quad (1.82)$$

式中　p_d, p_s——泵排出、吸入(绝对)压力,Pa;

　　　p_a——大气压力,Pa;

　　　ρ——液体密度,kg/m³;

　　　H_0——泵吸入口和排出口压力测点的高度差,m;

　　　p_g, p_v——泵排口处表压力、吸入口处的真空度,Pa。

沿横坐标轴,按一定比例画出测得的流量,沿纵坐标画出求得的扬程,可得每一闸门开启度时的 $H-Q$ 工况点。把所得各工况点用一条光滑的线连起来,便获得在一定泵速下离心泵的流量与扬程的关系曲线,即 $H-Q$ 线。根据测得的数据,用 $P_{out} = \rho gQH \times 10^{-3}$ 计算,可求出每一工况点的输出功率。

在试验中,通过相关测试仪器测得在每一工况时输入功率 P_{in},把所得各流量时的功率用曲线连接,即可得到泵的输入功率与流量的关系曲线,即 $P_{in}-Q$ 曲线。根据泵效率的计算公式,可做出各流量时的效率变化曲线,即 $\eta-Q$ 曲线。这三条曲线就是离心泵的实际性能曲线,一般在泵的说明书中可以查到。

图 1.19 为某型泵的实际性能曲线。

从曲线可知:

1)$H-Q$ 曲线:泵的流量随扬程(压头)变化而变化,一般是当扬程(压头)增大时流量减少。

2)$P_{in}-Q$ 曲线:泵的输入功率随流量的增大而增加。当排出阀门关死时,泵的流量为零,一般这时的输入功率比额定功率小得多。因此,为了在开泵时减少发动机的启动负荷,应该把排出阀门关死。

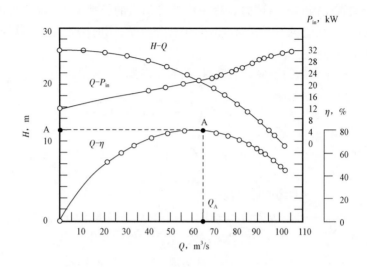

图 1.19 某型离心泵的实际性能曲线

3) $\eta - Q$ 曲线: $\eta - Q$ 曲线上有一最高效率点 η_{max}, 此时的工况点 A 称为额定工况点, 额定工况点所对应的 Q_A 和 H_A 就是泵铭牌上的性能。使用离心泵时尽可能在该工况点附近工作。

1.3.5 离心泵输送黏性介质的性能换算

通常情况下, 离心泵的性能曲线是在试验介质为清水, 温度为 20℃, 压力为大气压力(101.325kPa), 相对湿度 50% 的条件下给出的。当用离心泵输送原油等黏性介质时, 其性能与输送清水时有很大的差别, 在泵的实际使用中, 必须将离心泵输送清水的性能换算成输送实际介质的性能。常用的图表换算方法有美国水力协会 AHI 的特性换算法、苏联国家石油机械研究设计院的标准曲线法和德国 KSB 公司的换算方法。

图表换算法具有快速直观的特点, 应用时必须通过查图表和进行手工计算, 会存在视觉上的误差, 精确度不高, 不能满足计算机编程的需要, 但性能换算偏差仍能控制在许用的误差范围内。

公式计算法比较复杂。但相比图表换算法计算结果较准确,适于运用计算机程序进行泵的选型。美国水力学会对大量的实验数据进行了分析和研究,给出了近似的换算公式,详见 ISO/TR 17766—2005《Centrifugal pumps handling viscous liquids – performance corrections》。也可参考我国的 GB/Z 32458—2015《输送黏性液体的离心泵 性能修正》规范。

随着科学技术的进步和计算机的飞速发展,公式计算法更加适应计算机程序编制和计算工作,其计算精度较高,必将得到很好的应用和发展。

目前工程上应用较广的图表换算法是由美国水力协会的图线换算法转化而来的,下面作以详细介绍。

当用离心泵输送原油等黏性介质时,使用扬程修正系数 K_H、流量修正系数 K_Q 和效率修正系数 K_η 分别见式(1–83)、式(1.84)和式(1.85)。

$$K_H = \frac{H_v}{H} \qquad (1.83)$$

$$K_Q = \frac{Q_v}{Q} \qquad (1.84)$$

$$K_\eta = \frac{\eta_v}{\eta} \qquad (1.85)$$

式中 H, Q, η——分别为输送清水时泵的扬程、流量和效率;

H_v, Q_v, η_v——分别为输送黏度为 ν 的介质时泵的扬程、流量和效率。

图 1.20 和 1.21 为美国水力协会特性换算图。

根据被输送液体的运动黏度和泵输送清水时最优工况点的流量 Q_0 和扬程 H_0 进行换算。在横坐标上取 $Q = Q_0$ 点作垂线,与 $H = H_0$ 的斜线相交,自交点作水平线与所输液体的运动黏度为 ν 的斜线相交,从该交点再作垂线与图上方的各换算曲线相交,得到各换算系数。

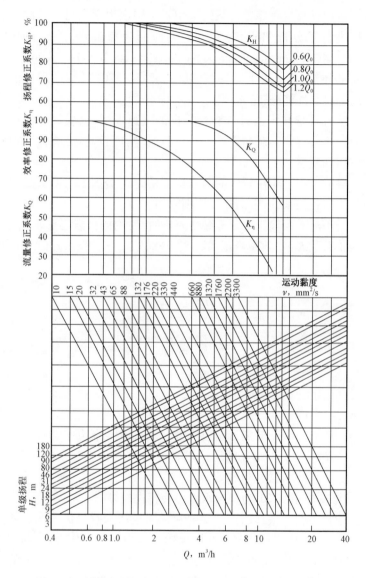

图 1.20　美国水力协会特性换算图($0.4\text{m}^3/\text{h} < Q < 40\text{m}^3/\text{h}$)

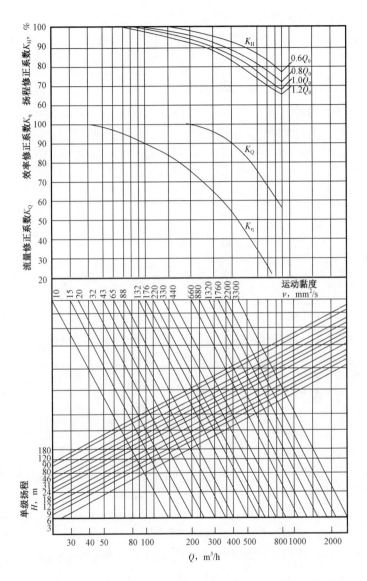

图 1.21　美国水力协会特性换算图（$20\mathrm{m}^3/\mathrm{h} < Q < 2000\mathrm{m}^3/\mathrm{h}$）

需要特别说明的是,美国水力协会特性换算图只适用于一般结构的离心泵,且在不发生汽蚀的情况下进行换算。它不适用于混流泵、轴流泵,也不适用于含有杂质的非均相液体。

1.3.6 离心泵的比转数

在几何相似泵中,可以用比转数来判断是否为相似工况。

根据离心泵的相似定律,当两台泵的相似工况点效率相等($\eta' = \eta$),且两泵输送的介质相同($\rho' = \rho$)时,有式(1.86)至式(1.88):

$$\frac{Q'}{Q} = \lambda_{\mathrm{L}}^3 \cdot \frac{n'}{n} \tag{1.86}$$

$$\frac{H'}{H} = \lambda_{\mathrm{L}}^2 \cdot \left(\frac{n'}{n}\right)^2 \tag{1.87}$$

$$\frac{N'}{N} = \lambda_{\mathrm{L}}^5 \cdot \left(\frac{n'}{n}\right)^3 \tag{1.88}$$

将式(1.86)和式(1.87)消去几何相似比 λ_{L},得式(1.89):

$$\frac{Q^2 n^4}{H^3} = \frac{Q'^2 n'^4}{H'^3} = 常数 \tag{1.89}$$

对上式两端开 4 次方,得式(1.90):

$$\frac{n\sqrt{Q}}{H^{\frac{3}{4}}} = \frac{n'\sqrt{Q'}}{H'^{\frac{3}{4}}} = 常数 \tag{1.90}$$

由上式可见,对一批相似泵,不论其尺寸大小如何,在相似工况时的特性参数 Q, H 及 n 之间存在着一定的关系。

为了便于实际使用,取一台相似泵作为标准泵,它在扬程 $H' = 1\mathrm{m}$ 水柱,流量 $Q' = 0.075\mathrm{m}^3/\mathrm{s}$ 时,转速 $n' = n_{\mathrm{s}}(\mathrm{r/min})$,就定义为比转数。将上述数值代入式(1.90)得式(1.91):

$$n_{\mathrm{s}} = \frac{3.65 n\sqrt{Q}}{H^{\frac{3}{4}}} \tag{1.91}$$

比转数是由相似定律导出的综合参数,对于同一台泵来说,不同工况就有不同的比转数,应以其设计工况点或最高效率点的比转数来代表这台泵的比转数。

比转数的意义可以理解为:当泵输送常温清水时,在一系列相似的离心泵中,取一台 $H = 1\text{m}$, $Q = 0.075\text{m}^3/\text{s}$ 的泵作为标准泵,这台泵在最高效率下所具有的转速就是该几何相似系列泵的比转数。

比转数在泵的分类、相似设计和编制离心泵系列方面有很大的作用。如可以根据比转数的大小,将泵分成低比转数、中比转数和高比转数的离心泵,以及比转数更高的混流泵和轴流泵。低比转数的泵适合小流量、高扬程的工作需要,高比转数的泵能在很低的扬程下输送较大的流量。

1.3.7 离心泵系统工况点的调节

1.3.7.1 管路特性曲线

离心泵工作时,与管路、阀门、仪表等其他管件、阀件组成输送系统。在这个输送系统中,泵要提供能量或者说液体需要能量,以提高液体的液位高度、克服管中两端的压差和液体沿管路流动时流经管线、阀门、仪表、弯头等的沿程阻力损失和局部阻力损失,才能达到输送液体的目的。通过管路输送单位重量液体所需能量或所消耗能量 H_c 用式(1.92)计算:

$$H_c = z + \frac{p_2 - p_1}{\rho g} + AQ^2 = h_s + h' \qquad (1.92)$$

式中　z——排出池与吸入池的位置高度差,m;

　　　p_1, p_2——吸入池、排出池液面上的压力,Pa;

　　　A——系数,与管线长度、管径、沿程和局部阻力系数有关,与流量无关,对于一定管路为常数;

　　　Q——管路中液体流量,m^3/s;

h_s——管路系统的净消耗压头,与流量无关,$h_s = z + \dfrac{p_2 - p_1}{\rho g}$;

h'——管路系统的动消耗压头,与管路和其中的流量均有关,$h' = AQ^2$。

表示管线能量消耗 H_c 与管路中流量 Q 的关系称为管路特性曲线,如图 1.22 所示。

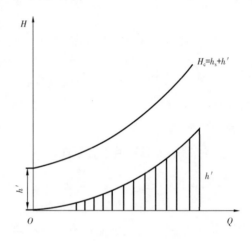

图 1.22　管路特性曲线

1.3.7.2　离心泵工况点的确定

泵系统工作时,泵向液体提供能量,给液体以动力,而管线则消耗液体的能量,给液体以阻力。泵向液体提供能量的规律,即泵扬程随流量变化的规律,可以从离心泵的 $H-Q$ 曲线上得到,而管路能量消耗随流量变化的规律,则能从管路特性曲线上得到。泵系统正常工作时,管路所消耗的能量必然等于泵所提供的能量,而管路的流量就是泵的流量。因此,把泵的 $H-Q$ 曲线与管路特性曲线画在同一张图上,两条曲线的交点即是系统的工况点,离心泵必在此点上工作。

泵给液体能量,液体流经管路、阀件和管件等要克服摩擦阻力损失而消耗能量,其间要遵守质量和能量守恒定律,即泵所排出的流量等于管路中的流量,泵的扬程等于单位重量液体沿管路输送所消耗的能量,这样才能稳定工作。泵和管路任何一方工况发生变化,都会引起整个系统工作参数的变化。

泵系统在实际使用中,根据工作需求,往往需要对泵的流量进行一定的调节,也要相应改变工况点的位置,为此必须改变泵或管路特性曲线,即改变二者交点的位置。

1)改变管路特性曲线:该种方法一般是改变排出阀门的开启度,即改变阀门的局部阻力系数,也即改变了公式(1.92)中的系数 A,从而改变管路特性曲线的形状。如图 1.23 所示,图中位置最低的管路特性曲线为排出阀门全开时的情况,此时泵的工况点为 1,泵的流量为 Q_1;从下至上,第 2、3 条曲线为排出阀门开度逐渐减小时的情况,工况点分别为 2、3,泵流量分别为 Q_2,Q_3。这种调节方法的优点是设备简单,调节方便。缺点是排出阀门上的能量消耗大。

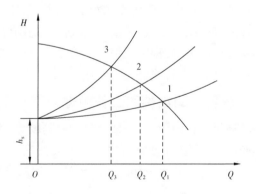

图 1.23　改变管路特性曲线

2)改变泵性能曲线:对于三相异步电动机驱动的泵,目前常用的改变离心泵性能曲线的方法是通过变频而改变泵轴转速,使泵的 H - Q 曲线发生变化,使之与管路特性曲线的交点,即工况点发生变化,引起流量的变化,如图 1.24 所示。这种调节方法不造成附加的能量损失,调节效率高。

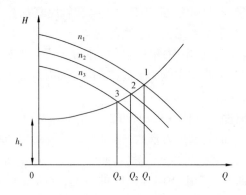

图 1.24　改变泵性能曲线

1.4　往复泵

往复泵在油田生产中主要用作注水泵、钻井泵、压裂泵和固井泵等。虽然往复泵的结构复杂、笨重、流量脉动、易损件多,但往复泵的流量不受泵压的影响,特别适用于小流量、高扬程情况下输送黏性较大的流体,因此在石油企业中仍有广泛的应用。

1.4.1　往复泵的结构和工作原理

往复泵是通过工作腔内元件(活塞、柱塞、隔膜等)的往复位移来改变工作腔内容积,从而使它所输送的介质按确定的流量排出的一种流体机械。元件往复位移的能量来源于各种原动机。

1.4.1.1　往复泵的组成

往复泵由动力端(驱动部分)和液力端(水力部分)两大部分组成。动力端由齿轮、传动轴、主轴(曲轴)、曲柄连杆机构、十字头、壳体(底座)等组成。液力端由往复泵缸体、活塞、吸入阀、排出阀、阀室、吸入管、排出管、活塞杆以及其他零件组成。

1.4.1.2 往复泵的工作原理

图 1.25 为卧式单缸单作用往复式活塞泵的示意图。工作时，发动机通过皮带、齿轮等传动部件带动泵的主轴旋转，当曲柄以角速度 ω 从水平位置按箭头方向开始旋转时，活塞向右移动，缸内形成负压，吸液池中的液体在液面上压力(通常为大气压)的作用下，推开吸入阀，进入缸内，直到活塞移到最右边位置为止，这一工作过程，称为泵的吸入行程。当活塞移到最右边位置(曲柄转过180°)后，活塞开始向左移动，液缸内液体受挤压，压力升高，吸入阀关闭，当压力升高到高于排出管中的压力时，排出阀被挤开，液体被活塞推出，经由排出阀和排出管进入排液池，这一工作过程，称为泵的排出行程。在吸入或排出过程中，活塞移动的距离称为行程或冲程长度 S，它等于曲柄半径 r 的 2 倍。

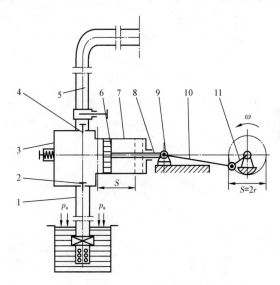

图 1.25 往复泵工作示意图

1—吸入管;2—吸入阀;3—阀室;4—排出阀;5—排出管;6—活塞;

7—缸体;8—活塞杆;9—十字头;10—连杆;11—曲柄

1.4.2　往复泵的分类

往复泵可按缸数、作用数、液缸的布置方案及其相互位置、活塞式样、泵的排出压力和泵速进行分类。

1）按缸数分类：按缸数分为单缸泵、双缸泵、三缸泵、多缸泵。

单缸泵：有一个液缸的泵。

双缸泵：有两个液缸，且液缸内活塞或柱塞行程容积相等，相位角相错180°或90°，两液缸的进口前和出口后分别设有共同的分流器和集流器的泵，如图1.26所示。

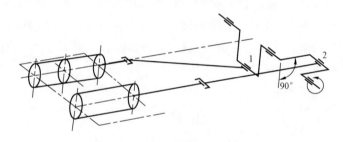

图1.26　双缸泵结构示意图

三缸泵：有三个液缸，且液缸内活塞或柱塞行程容积相等，相位角相错120°，三个液缸的进口前和出口后分别设有共同的分流器和集流器的泵，图1.27所示。

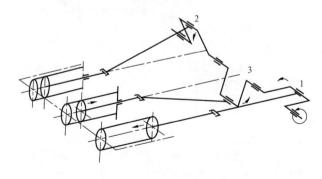

图1.27　三缸泵结构示意图

多缸泵:有四个以上液缸,且液缸内活塞或柱塞行程容积相等,相位角相错为圆周角除以缸数的商,各工作腔的进口前和出口后分别设有共同的分流器和集流器的泵。

2)按作用数分类:按作用数分为单作用式和双作用式两种。

单作用泵:活塞或柱塞每往复运动一次,单个液缸吸入和排出液体各一次。

双作用泵:每个液缸被活塞分为两个工作室,每一工作室都有吸入阀和排出阀。双作用泵单个液缸内活塞或柱塞往复运动一次,该液缸吸入与排出各两次,如图 1.28 所示。

3)按液缸的布置方案及其相互位置(按活塞或柱塞的轴线布置)分类:按液缸的布置方案及其相互位置分为卧式泵、立式泵等。

卧式泵:各活塞(柱塞)轴线都是水平布置的泵。

立式泵:各活塞(柱塞)轴线都是竖直布置的泵。

4)按活塞式样分类:按活塞式样分为活塞泵和柱塞泵。

活塞泵:工作腔内做直线往复位移的元件(活塞)上有密封件的泵。活塞直径与缸套直径相等。

柱塞泵:工作腔内做直线往复位移的元件(柱塞)上无密封件,但在不动件上有密封件的泵,活塞外径小于缸套内径,如图 1.29 所示。

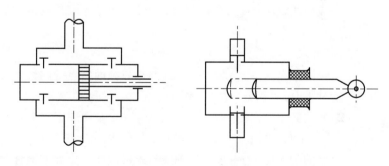

图 1.28　双作用式往复泵　　　　图 1.29　柱塞泵

5)按泵的排出压力分类:按泵的排出压力分为低压泵(低于2.5MPa)、中压泵(2.5MPa～10MPa)、高压泵(10MPa～100MPa)和超高压泵(高于100MPa)。

6)按泵速分类:按泵速分为低速泵(低于100min^{-1})、中速泵(100~550min^{-1})和高速泵(高于550min^{-1})。

通常以泵的上述主要分类来区分各种不同类型的泵,例如,单缸单作用立式柱塞泵,双缸双作用卧式活塞泵,三缸单作用活塞泵等。

1.4.3　往复泵的性能参数及计算

常用的反映往复泵的基本工作性能的主要参数或指标有流量、压力、功率、效率。下面给出各参数的定义和计算方法。

1.4.3.1　往复泵的性能参数

往复泵的工况分为额定工况和实际工况,相应地,性能参数即分为额定值与运行值。

1)流量。

(1)泵的流量Q:单位时间内从泵的出口排到排出管路中去的液体体积,m^3/s。

(2)泵的理论流量Q_t:不考虑任何容积损失,按泵的主要结构参数和泵速计算的流量,m^3/s。

(3)泵的额定流量Q_r:在额定条件下,设计规定该泵在正常运行时的流量,m^3/s。

2)压力。

(1)泵的排出压力p_d:泵出口轴线与出口截面交点处的液体静压力(绝对压力)的积分平均值,MPa。

(2)泵的额定排出压力p_{dr}:在额定条件下,设计规定该泵在正常运行时允许承受的最高排出压力的公称值,MPa。

(3)泵的吸入压力p_s:泵入口轴线与入口截面交点处的液体静压力(绝对压力)的积分平均值,MPa。

(4)泵的额定吸入压力p_{sr}:在额定条件下,设计规定该泵在正常运行时允许的最低吸入压力(绝对压力)公称值,MPa。

（5）泵的压差 p：泵的排出压力与吸入压力之差，$p = p_d - p_s$，MPa。

3）功率。

（1）泵的输出功率 P_{out}：泵传给所输送介质的功率，kW。

（2）泵的输入功率 P_{in}：泵传动端（包括内部减速机构或外部减速机）输入轴所接受的功率，数值上等于原动机的输出功率，kW。

（3）泵的额定输入功率 P_{inr}：额定条件下泵正常运行时所需的输入功率，kW。

（4）原动机输入功率 P_m：泵原动机接受的功率，kW。

4）效率。

（1）泵的效率 η：泵的输出功率与泵的输入功率之比，用百分数表示。

（2）泵的机组效率 η_{ov}：泵的输出功率与泵原动机输入功率之比，用百分数表示。

5）泵速（冲次）。

（1）泵速 n：活塞（柱塞）每分钟往复次数，min^{-1}。

（2）额定泵速 n_r：设计规定该泵应达到的最高泵速的公称值，min^{-1}。

1.4.3.2 往复泵流量及流量曲线

1）往复泵的理论流量。

往复泵的理论流量，也称理论平均流量，它与泵的活塞面积 $A(m^2)$、活塞行程长度 $S(m)$ 以及泵速 $n(min^{-1})$ 有关。

对于单缸单作用泵，理论平均流量（m^3/s）为式（1.93）：

$$Q_t = \frac{ASn}{60} \tag{1.93}$$

对于多缸单作用泵，设缸数为 z，其理论平均流量（m^3/s）为式（1.94）：

$$Q_t = \frac{zASn}{60} \tag{1.94}$$

对于双作用往复泵,活塞往复一次,各液缸输送液体两次,A_r 为活塞杆截面积,则输送的液体体积为 $AS + (A - A_r)S = (2A - A_r)S$。设泵的缸数为 z,则多缸双作用泵的理论平均流量(m³/s)为式(1.95):

$$Q_t = \frac{z(2A - A_r)Sn}{60} \tag{1.95}$$

实际上,往复泵工作时,由于吸入阀和排出阀一般不能及时关闭,泵阀、活塞和其他密封处可能有高压液体漏失,泵缸中或液体内含有气体,降低吸入充满度等等,都可能使泵的实际输送量有所降低,因而往复泵的实际(平均)流量要低于理论平均流量。

2)往复泵的瞬时流量。

由于往复泵的活塞运动速度是变化的,故每个液缸和泵的流量也是变量,为此引入瞬时流量的概念。设活塞的截面积为 A,活塞瞬时速度为 u,则一个单作用液缸或单缸单作用泵的理论瞬时流量为式(1.96):

$$Q_c = Au \tag{1.96}$$

在简化计算情况下,认为曲柄连杆长度比值约等于 0,则可近似认为活塞运动速度为式(1.97):

$$u = R\omega\left(\sin\phi + \frac{\lambda}{2}\sin2\phi\right) \approx R\omega\sin\phi \tag{1.97}$$

式中　ω——曲柄旋转角速度,rad/s;

　　　R——曲柄半径,m;

　　　ϕ——曲柄转角,当活塞在左死点时,$\phi = 0$;曲柄按逆时针方向旋转,活塞由液力端向动力端运动时,$\phi = 0 \sim \pi$;当活塞由液力端向动力端运动时,$\phi = \pi \sim 2\pi$。

单作用液缸瞬时理论流量为式(1.98):

$$Q_c = AR\omega\sin\phi \qquad (1.98)$$

$Q_c > 0$ 时,为液缸吸入;$Q_c < 0$ 时,为液缸排出,通常情况下关注的是泵的排出流量,因此在瞬时流量前取负号以计算排出流量。即为式(1.99):

$$Q_c = -AR\omega\sin\phi,\ Q_{cmax} = \frac{AS\,\pi\,n}{60} \qquad (1.99)$$

如果往复泵是多缸泵(缸数为 z),曲柄转动一周范围内,几个液缸按一定的规律交替进行吸入和排出,整台泵的瞬时流量 Q_{in} 由同一时刻各缸瞬时流量叠加而成,即 $Q_{in} = \sum\limits_{i=1}^{z} Q_{ci}$。

3)往复泵的流量曲线。

以曲柄转角 ϕ 为横坐标,流量为纵坐标,做出的泵的瞬时流量和平均流量随曲柄转角变化的曲线,称为流量曲线。图 1.30 分别是不考虑曲柄连杆比影响时的单缸、双缸、三缸、四缸单作用泵的流量曲线[分别为图 1.30 中的(a)~(d)]。

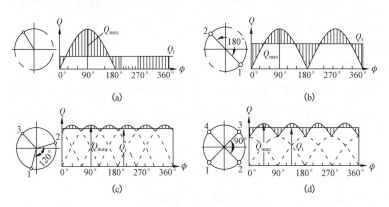

图 1.30 往复泵流量曲线

任何类型的往复泵,在曲柄转动一周的过程中,其理论瞬时流量都是变化的,瞬时流量的最大值 Q_{max}、最小值 Q_{min} 及理论平均流

量 Q_t 都可以由曲线找到或计算出。

用 δ_Q 表示往复泵的流量不均度,定义流量不均度为式(1.100):

$$\delta_Q = \frac{Q_{max} - Q_{min}}{Q_t} \qquad (1.100)$$

对于单缸单作用泵为式(1.101):

$$\delta_Q = \frac{Q_{max} - Q_{min}}{Q_t} = \frac{\dfrac{A\pi Sn}{60} - 0}{\dfrac{ASn}{60}} = \pi \qquad (1.101)$$

对于双缸单作用泵为式(1.102):

$$\delta_Q = \frac{Q_{max} - Q_{min}}{Q_t} = \frac{\dfrac{A\pi Sn}{60} - 0}{\dfrac{2ASn}{60}} = \frac{\pi}{2} \qquad (1.102)$$

同理,可以推得三缸单作用泵和四缸单作用泵的流量不均度分别为 0.141 和 0.314。不考虑活塞杆面积的影响,双缸双作用泵与与四缸单作用泵的流量不均度相同。

计算表明,当往复泵缸数增多时流量不均度减小,即流量趋于均匀,而单数缸效果最为显著。δ_Q 越小,流量越均匀,管线中液体流动越接近于稳定状态,压力变化也就越小,有助于减小管线振动,使泵工作平稳。但不能只靠增加缸数来达到这个目的。缸数太多,泵结构变得很复杂,造价增高,维修困难。石油企业的钻井泵和注水泵多用三缸单作用泵、五缸单作用泵和双缸双作用泵。

1.4.3.3 往复泵的其他性能参数计算

1)往复泵的扬程。

往复泵的扬程是泵加给单位重量所输送液体的能量,或单位重量的液体经过泵后能量的增加值,由式(1.103)计算:

$$H = \frac{p_d - p_s}{\rho g} + \frac{c_d^2 - c_s^2}{2g} + (z_d - z_s) \qquad (1.103)$$

式中　H——往复泵的扬程,m;

　　p_d,p_s——泵的排出和吸入压力,Pa;

　　ρ——被输送液体的密度,kg/m^3;

　　c_d,c_s——泵出口、入口处的液体流速,m/s;

　　z_d,z_s——泵出口、入口处的标高,m。

当泵的吸入、排出管直径相差不大,泵入、出口标高接近时,上式右侧的后两项可忽略不计。

2)往复泵的输出功率。

设泵的扬程为 H(m),流量为 Q(m^3/s),则单位时间(每秒)内液体由泵所获得的总能量,即泵在单位时间内所输出的功,即输出功率 P_{out}(kW)为式(1.104):

$$P_{out} = \rho g Q H \times 10^{-3} \qquad (1.104)$$

3)往复泵的效率和功率损失。

(1)往复泵的效率和机组效率:

泵的输出功率 P_{out} 表明泵的实际工作效果。显然,泵之所以能将能量传给液体,是由于外界机械能输入的结果。动力机(柴油机、电动机等)输送到泵传动端输入轴上的功率为 P_{in},即泵的输入功率,则由于泵内存在功率损失,所以,$P_{out} < P_{in}$。P_{out} 与 P_{in} 的比值即为泵的效率,常称为泵效[式(1.105)]:

$$\eta = \frac{P_{out}}{P_{in}} \times 100\% \qquad (1.105)$$

泵机组效率为泵的输出功率与原动机输入功率的比值[式(1.106)]:

$$\eta_{ov} = \frac{P_{out}}{P_{in}} \times 100\% \qquad (1.106)$$

（2）往复泵的功率损失：

往复泵工作过程中的功率损失，包括机械损失、容积损失和水力损失。

机械损失 ΔP_m：它是克服泵内齿轮传动、轴承、活塞、盘根和十字头等机械摩擦所消耗的功率。泵的输入功率减去这部分损失后所剩下的功率，称作泵的转化功率，以 P_i 表示，则有式（1.107）：

$$P_i = P_{in} - \Delta P_m \qquad (1.107)$$

P_i 与 P_{in} 的比值称作机械效率，以 η_m 表示，则有式（1.108）：

$$\eta_m = \frac{P_i}{P_{in}} \times 100\% \qquad (1.108)$$

转化功率 P_i 指的是单位时间内由机械能转化为液体能的那一部分功率，它全部用于对液体做功，即提高液体的能量。设单位时间内获得能量的液体为 Q_i（称作转化流量），单位重量液体所得到的能量为 H_i（称为转化扬程），则转化功率为式（1.109）：

$$P_i = \rho g Q_i H_i \times 10^{-3} \qquad (1.109)$$

容积损失 ΔP_v：泵实际输送的液体体积总要比理论输出体积小，因为有一部分获得能量的高压液体会从活塞与缸套间的间隙、缸套密封、阀盖密封等处漏失，造成一定的能量损失，即容积损失 ΔP_v。设单位时间内漏失的液体体积为 ΔQ_v，实际流量 Q 与接受能量的转化流量 Q_i 之比为容积效率，以 η_v 表示，则有式（1.110）：

$$\eta_v = \frac{Q}{Q_i} \times 100\% = \frac{Q}{Q + \Delta Q_v} \times 100\% \qquad (1.110)$$

水力损失 ΔP_h：考虑液体在泵内流动时，消耗在沿程和局部（包括阀在内）阻力上的压头损失。泵的扬程与转化扬程之比，称为水力效率，即有式（1.111）：

$$\eta_h = \frac{H}{H_i} \qquad (1.111)$$

泵效为式(1.112):

$$\eta = \frac{P_{\text{out}}}{P_{\text{in}}} = \frac{P_{\text{out}}}{P_i} \cdot \frac{P_i}{P_{\text{in}}} = \frac{\rho g QH \times 10^{-3}}{\rho g Q_i H_i \times 10^{-3}} \cdot \frac{P_i}{P_{\text{in}}} = \frac{QH}{Q_i H_i} \cdot \frac{P_i}{P_{\text{in}}} = \eta_v \eta_h \eta_m$$

$$(1.112)$$

由上式可知,往复泵的泵效为泵的容积效率、水力效率和机械效率的乘积。

往复泵工作过程中的功率损失,包括机械损失、容积损失和水力损失,如图 1.31 所示。

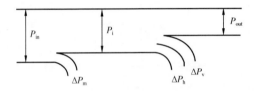

图 1.31   往复泵内功率分配示意图

往复泵容积效率和水力效率的大小表示液力部分的完善程度,而机械效率的大小则表示其机械传动部分的完善程度。泵效可由试验测出,一般情况下,$\eta = 0.75 \sim 0.90$。

1.4.4   往复泵型号表示方法

往复泵型号的组成型式如图 1.32 所示。

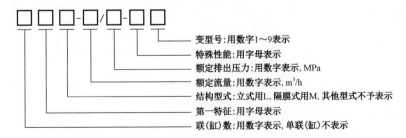

图 1.32   往复泵型号的组成型式

1）第一特征。

泵的第一特征是指由泵的驱动方式、输送介质、结构特点、功能及主要配套等五类中选出的最能代表泵的一个特征。第一特征所对应的字母代号及其意义应符合表 1.8 的规定。

表 1.8　泵的第一特征

泵类	类别	第一特征	代号	意义
气（汽）动泵		输水	QS	气（汽）水
		输油	QY	气（汽）油
		其他	Q	气（汽）
电动泵		—		
液动泵	—	液动	YD	液动
试压泵		电动	DY	电压
		手动	SY	手压
计量泵		计量	J	计
手动泵		手动	SD	手动
一般机动泵	杂质泵	隔膜	KM	颗膜
		油隔离	KY	颗油
		水隔离	KS	颗水
		水冲洗	KC	颗冲
		柱塞	KZ	颗柱
		活塞	KH	颗活
	化工泵和清水泵	液氨	A	氨
		氨水	AS	氨水
		催化剂	CJ	催剂
		氟利昂	F	氟
		氨基甲酸铵	JA	甲铵
		硅酸铝胶液	LY	铝液
		去离子水	QZ	去子

续表

泵类	类别	第一特征	代号	意义
一般机动泵	化工泵和清水泵	水	S	水
		醋酸铜氨液	TY	铜液
		硝酸	X	硝
		油	Y	油
		蒸汽冷凝液	ZN	蒸凝
	其他泵	船用	C	船
		上充	SC	上充
一般机动泵	其他泵	注水	ZS	注水
		增压	ZY	增压

2）参考段。

型号表示方法中的最后两框内容为参考段,可标注,也可不标注。特殊性能按表1.9规定的代号表示。如需多项并列标注特殊性能时,可按表1.9字母的排列顺序标注。

表1.9 泵的特殊性能

特殊性能	字母代号	意义
防爆	B	爆
防腐	F	腐
调节流量	T	调
保温夹套	W	温

3）示例。

示例1:2QY—22/3.5表示双缸卧式汽动往复式油泵,额定流量22m³/h,额定排出压力3.5MPa。

示例2:DY—63/5表示单缸卧式电动试压泵,额定流量63L/h,额定排出压力5MPa。

示例3:JM—100/2.5表示单缸卧式隔膜式电动计量泵,额定流量100L/h,额定排出压力2.5MPa。

示例4:3J—2×2500/1,40/0.6—T1表示三联卧式电动计量泵,第一、第二联额定流量各为2500L/h,额定排出压力1MPa,第三联额定流量40L/h,额定排出压力0.6MPa。可调节流量,第一次变型。

示例5:3KM—30/2—T2表示三缸卧式电动隔膜杂质泵,额定流量30m³/h,额定排出压力2MPa,可调节流量,第二次变型。

1.4.5 往复泵的性能曲线

往复泵的性能曲线主要表示泵的流量、输入功率及效率与泵压差之间的关系。由于泵的流量与活塞的面积、行程长度、泵速以及泵缸数有关,而与压力无关,因此 $Q-p$ 曲线应该平行于横坐标

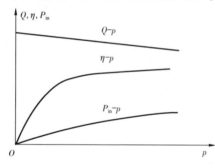

图1.33 往复泵的性能曲线

轴(压差)。实际上,随着泵压的提高,泵的密封处(如活塞与缸套之间、活塞杆与盘根之间)的漏失量将增加,所以流量将随着泵压的增高而略有减小,反映在 $Q-p$ 曲线上,将略有倾斜,如图1.33所示。

1.4.6 往复泵系统工况点的调节

1.4.6.1 流量调节

由于往复泵的流量与泵的缸数、活塞面积、泵速以及行程成正比关系,改变其中任何一个参数,都可以改变流量。常用的调节流量的方法主要有以下4种。

1)更换不同直径的缸套。

设计往复泵时通常把缸套直径分成若干等级,各级缸套的流量大体上按等比级数分布,即前一级直径较大的缸套的流量与相

邻下一级直径较小缸套的流量比近似为常数。根据需要，选用不同直径的缸套，就可以得到不同的流量。

2）调节泵速。

机械传动的往复泵，当动力机的转数可变时，可以改变动力机的转数调节泵速，使泵速在额定值与最小值之间变化，以达到调节流量的目的。对于有变速机构的泵机组，可通过调节变速比改变泵速。应当注意的是，在调节泵速的过程中，必须使泵压不超过该级缸套的极限压力。

3）减少泵的工作室。

在其他调节方法不能满足要求时，现场有时用减少泵工作室的方法来调节往复泵的流量，其方法是：打开阀箱，取出几个排出阀或吸入阀，使有的工作室不参加工作，从而减小流量。该法的缺点是加剧了流量和压力的波动。实践证明，在这种非正常工作情况下，取下排出阀比取下吸入阀造成的波动小，对双缸双作用泵来讲，取下靠近动力端的排出阀引起的波动较小。

4）旁路调节。

在泵的排出管线上并联旁路管路，将多余的液体从泵出口经过旁路管返回吸入罐或吸入管路，改变旁路阀门的开度大小，即可调节往复泵的流量。由于这种方法比较灵活方便，所以应用比较广泛，经常应用于压力比较低的泵的流量调节。但这种方法会产生较大的附加能量损失，从能耗的角度看是不经济的，特别是高压泵，旁路调节浪费较多的能量。旁路调节应只作为紧急降压的一种手段。

1.4.6.2 往复泵的并联运行

为了满足一定流量的需要，石油矿场中常将往复泵并联工作。往复泵并联工作时，以统一的排出管向外输送液体。并联的往复泵有如下特征：

1）当各泵的吸入管大致相同、排出管路交汇点至泵的排出口距离很小时，对于高压力下的往复泵，可以近似地认为各泵都在相同的压力下工作。

2）排出管路中的总流量为同时工作的各泵的流量之和。

3）泵组总输出功率为同时工作各泵的输出功率之和。

4）在管路特性一定的条件下，对于机械传动的往复泵，并联后的总流量仍然等于每台泵单独工作时的流量之和，而并联后的泵压大于每台泵在该管路上单独工作时的泵压。

1.5 螺杆泵

油井产出液是由油、水、气体、砂及石蜡等组成的混合物，产出液由机械采油系统举升到地面后，常用的方法是先将固、液、气相分离，然后用泵和压缩机分别对液相和气相加压输送，这就需要一整套分离设备及两套独立的气、液输送管道，而多相混输系统则以一台多相泵代替泵和压缩机，省去了分离设备、压缩机和一条输送管道，既减少了基建投资，又降低了管理费用。与传统的生产系统相比，采用多相混输系统可节省30%～40%的油田开发费用。多相混输系统的关键设备是多相混输泵，目前，螺杆泵作为多相混输泵得到广泛应用。螺杆泵结构简单、流量平稳、效率高、寿命长、工作可靠，适于输送含机械杂质、高黏度、高含气的介质。螺杆泵按螺杆数量分为单螺杆泵、双螺杆泵和三螺杆泵三种。

1.5.1 螺杆泵的结构和工作原理

螺杆泵依靠螺杆相互啮合室间的容积变化来输送液体。当螺杆转动时吸入腔一端的密封线连续地向排出腔一端作轴向移动，使吸入腔的容积增大，压力降低，液体在压差作用下沿吸入管进入吸入腔。随着螺杆的转动，密封腔内的液体连续而均匀地沿轴向移动到排出腔，由于排出腔一端的容积逐渐缩小，即将液体排出。

单螺杆泵主要由排出室、转子、定子、万向节、中间轴和吸入室组成。定子是具有双头螺旋空腔的衬套，是在金属管内壁上用特殊工艺压注并黏接牢固的橡胶套，内表面具有双头螺纹，其任一截面为一长圆,两端是半径为 R 的半圆,中间是长为 $4e$ (e 为偏心距)的直线段,衬套的任意截面都是长圆,只是彼此互相错开一定的角度。转子是在定子腔内与其啮合的单头螺杆,是一根经过特殊加工的螺旋状金属杆,相当于单头螺纹,任意截面皆为半径为 R 的圆,截面的中心位于螺旋线上且与螺杆的轴心线偏离一个偏心距 e,绕轴旋转且沿轴向移动形成螺杆。螺杆装入衬套后,螺杆表面与衬套内螺纹表面之间形成一个个封装的腔室,同时,任意截面也被分成上下两个月牙形工作室。电动机通过输入轴带动万向轴或挠性轴带动螺杆旋转时,靠近吸入室的第一个工作室的容积逐渐增大,形成负压,在压差的作用下,液体被吸入工作室。随着螺杆的继续转动,工作腔容积不断增至最大,然后这个工作腔封闭,并将液体沿轴向推向排出室。与此同时,上下两个工作室交替循环地吸入和排出液体,因此液体被连续不断地从吸入室沿轴向推向排出室。

　　双螺杆泵是由主动螺杆(主杆)、从动螺杆(从杆)、泵体、安全阀、联轴器、过滤器、同步齿轮和滚动轴承组成。两根螺杆(转子)相互啮合,在衬套(定子)中运转,依靠所形成的密封腔的容积变化吸入和排出流体。流体沿轴向均匀流动,无涡流和搅动。双螺杆泵转子和定子均为刚性材料制成,其制造精度要求比单螺杆泵高。按照吸入方式,双螺杆泵可以分为单吸式和双吸式。单吸式螺杆泵吸入腔和压力腔存在压差。单吸双螺杆泵通常要考虑平衡轴向力的液力平衡装置。双吸式双螺杆泵,泵体内装有两根左右旋单头螺纹的螺杆,由于螺杆两端处于同一压力腔中,螺杆上的轴向力自行平衡。主杆通过同步齿轮带动从杆回转,两根螺杆以及螺杆与泵体之间的间隙靠齿轮和轴承保证。双螺杆泵按照传动方式,分为直接传动和间接传动,直接传动就是由主杆带动从杆,间接传动就是从杆由主杆通过同步齿轮传动(外支撑型)。通常所谓的双螺杆泵多指后者。由于外支撑结构,轴承和吸入、排出腔分开,而且工作型面间无接触运行,因此双螺杆泵在气液两相流体输送中有其他泵难以替代的优势。近年来,国内外双螺杆泵的生产和应用发展很快。

三螺杆泵中的转子是三根平行的双头螺杆,中间是凸螺杆、两边各有一根凹螺杆,凸螺杆是主动螺杆,凹螺杆是从动螺杆。由三根螺杆的外圆与泵壳对应的圆弧面及螺杆的啮合线将泵分割成若干个密封的工作容腔,每个工作容腔为一级,其长度约等于螺杆的导程。当电动机通过输入轴带动主动螺杆凸螺杆旋转时,这些密闭容腔一个接一个地在吸入端形成,不断从吸入端向排出端移动,并在排出端消失。密封容腔形成时,由于螺杆的啮合作用,形成工作容腔容积。

螺杆泵适合于气、液、固的多相混输,定子和转子形成的容积腔能有效降低输送含固体颗粒介质时的磨损,泵内流体流动时容积不发生变化,没有湍流、搅动和脉动,流量与转速成正比,通过改变转速可实现流量的调节。

1.5.2 螺杆泵的分类

螺杆泵主要有三种分类方法。

1.5.2.1 按螺杆数量分类

螺杆泵按螺杆数量可分为:单螺杆泵、双螺杆泵、三螺杆泵和五螺杆泵。

1)单螺杆泵:只有一根螺杆。主要工作机构是一个钢制螺杆和一个具有内螺旋表面的橡胶衬套。

2)双螺杆泵:在泵内有两根螺杆啮合工作。主动螺杆和从动螺杆之间用一对齿轮传递转矩。

3)三螺杆泵:在泵内有三根螺杆互相啮合工作。在油库中常用三螺杆泵输送黏油或燃料油、柴油等。

4)五螺杆泵:在泵套内装有五根左、右旋双头螺纹的螺杆(主、从杆螺旋方向相反)、螺杆上的轴向力可自行平衡。螺杆齿廓上有一段是渐开线,它起主杆向从杆传递运动的作用。螺杆两端装有滚动轴承,保证螺杆与泵套之间的间隙。输送液体的性质与三螺杆泵相同。

1.5.2.2 按螺杆吸入方式分类

螺杆泵按螺杆吸入方式可分为:单吸式螺杆泵和双吸式螺杆泵。

1)单吸式:油料从螺杆一端吸入,从另一端排出。

2)双吸式:油料从螺杆两端吸入,从中间排出。

1.5.2.3 按泵轴位置分类

按泵轴位置可分为卧式螺杆泵和立式螺杆泵。

1.5.3 螺杆泵的性能参数

以单螺杆泵为例,单螺杆泵的主要性能参数有:流量、吸入压力、排出压力、泵的输入功率、效率、转速等。

1.5.3.1 流量

流量是指泵在单位时间输送的流体量。

当转子转动一周,流体沿着轴向移动定子一个导程 T,故转子转动一周,泵输送的流体体积为 $4eDT$。因此当转子转速为 n 时,单螺杆泵理论流量为式(1.113):

$$Q_t = \frac{4eDTn}{60} \tag{1.113}$$

式中　Q_t——理论流量,$\mathrm{m^3/s}$;

　　　e——螺杆偏心距,m;

　　　D——螺杆断面圆直径,m;

　　　T——导程,等于两倍的螺距,m;

　　　n——转速,r/min。

由于密封腔间的压力差、螺杆和衬套密封不严,以及磨损、漏水等因素,实际流量 Q 比 Q_t 小,实际流量 Q 为式(1.114):

$$Q = Q_t \cdot \eta_v \tag{1.114}$$

式中 η_v 为容积效率。对于螺杆和衬套过盈配合时,其值取 0.8~0.85;当有间隙时,其值取 0.7 或更小。

1.5.3.2 压力

泵的压力差称为全压力 p,是指排出压力 p_d 和吸入压力 p_s 之差值。对于容积式泵来说,所谓的排出压力实际上就是泵的背压,也就是泵出口管路系统总的阻力。

单螺杆泵的工作长度若包容了多个密封腔,即有多级的情况下,每一个密封腔的两端也存在压力差 Δp,理论上各密封腔的压力差相等。泵在运行时密封腔内的压力由吸入压力增至排出压力,理论上压力的增长与密封腔内的介质在定子内移动的距离成正比,也就是说泵的工作长度包容的级数越多,工作长度两端的压力差也就越大。

因此在单螺杆泵设计时,在排出压力 p_d 和吸入压力 p_s 确定后,就要正确选择一级的压力差值 Δp,从而决定该泵应设计成几级,确定泵的定子和转子相配合的工作长度的尺寸 l,即有式(1.115):

$$p = \Delta p \frac{l}{T} \qquad (1.115)$$

从理论上讲,要精确确定 Δp 的值是不可能的,这不仅是因为它与定子的材料、定子与转子配合的过盈或间隙值以及定子和转子的齿形精度等因素有关,还因每一级的 Δp 值不相同。设计时仍是从理想的状态出发,假定各级的压力差 Δp 相同。通常对于无磨损性介质,选择一级的压力差 Δp 为 0.6MPa 左右,在这种状态下,综合泵的效率及寿命等指标是较合适的。轻微磨损性的介质选择一级的压力差 Δp 为 0.5MPa 左右,中等磨损性的介质选择一级的压力差 Δp 为 0.3MPa 左右,对于有严重磨损性的介质一级的压力差 Δp 通常选择不超过 0.2MPa 为宜。

1.5.3.3 功率

单螺杆泵的功率通常指输入功率,也就是动力源传到泵轴上

的功率,用 P_r 表示[式(1.116)]:

$$P_{in} = \frac{pQ}{\eta \times 10^3} \tag{1.116}$$

式中 P_{in}——泵的输入功率,kW;

　　　η——单螺杆泵的效率;

　　　p——全压力,Pa;

　　　Q——体积流量,m^3/s。

单螺杆泵的输出功率用 P_{out}[式(1.117)]表示:

$$P_{out} = \frac{pQ}{10^3} \tag{1.117}$$

式中 P_{out}——泵的输出功率,kW。

1.5.3.4　效率

1)容积效率:容积效率 η_v 为实际流量 Q 与理论流量 Q_t 之比,即有式(1.118):

$$\eta_v = \frac{Q}{Q_t} \tag{1.118}$$

2)泵效率:泵效率 η 为输出功率和输入功率之比,即有式(1.119):

$$\eta = \frac{P_{out}}{P_{in}} \tag{1.119}$$

1.5.3.5　转速

单螺杆泵必须限制转速才能可靠地工作。影响转速选择的主要因素如下:

1)吸入性能。

泵的转速越高,其流量也越大,转速不仅影响到泵吸入腔中的损失,而且当转速提高到一定程度,就会发生在吸入压力作用下流体来不及进入或来不及充满密封腔的情况,使之出现某种程度的真空状态,输送流体就会大量析出所溶解的气体,以气泡形式分布在流体中,成为乳浊液,引起流量减少,甚至导致泵不能正常工作。如果压力降到一定温度下被输送流体的饱和蒸气压力时,泵内就会出现汽蚀现象,输送流体的连续性就受到破坏,流量就会急剧下降。当汽蚀产生的气泡被传送到高压区时,气泡以很大的速度碰撞、破裂,引起水力冲击,产生很大的振动和噪声,造成材料局部破坏,甚至使泵遭到破坏,不能正常运行。因此,转速受到吸入条件的限制。

2)黏度。

在吸入压力作用下当流体的黏度增大时,因阻力增大会使流体进入密封腔更为困难,而且使转子对流体的剪切作用所产生的机械损失也增加。因此单螺杆泵运行时,介质的黏度越大,则选择越低的转速。

日本大晃工业株式会社(TAIKO KIKAI)推荐单螺杆泵介质黏度与选取转速的关系如表 1.10 所示。德国 Bornemann 公司推荐的介质黏度和选取转速的关系如表 1.11 所示。

**表 1.10 日本大晃工业株式会社(TAIKO KIKAI)推荐
单螺杆泵介质黏度与选取转速的关系**

动力黏度,Pa·s	泵转速,r/min
0.001 ~ 1.0	400 ~ 700
1.0 ~ 10	200 ~ 400
10 ~ 100	<200
100 ~ 1000	<100

表 1.11 德国 Bornemann 公司推荐的介质黏度和选取转速的关系

运动黏度,cSt	泵转速,r/min
$1 \sim 10^3$	400 ~ 1000
$10^3 \sim 10^4$	200 ~ 400
$10^4 \sim 10^5$	<200
$10^5 \sim 10^6$	<100

3)流体的磨损性。

流体的磨损性直接影响到转子和定子的寿命,从而影响到泵使用寿命。流体越"恶劣"(指所含的杂质、润滑性和流动性等),转子和定子必然越容易磨损,而且泵的转速越高,磨损就越快。因此,泵的转速还会受到输送介质的磨损性等因素的限制。国外某厂商推荐介质磨损性和选取泵转速的关系见表 1.12。

表 1.12　某厂商推荐介质磨损性和选取泵转速的关系

磨损性	流体举例	转速,r/min
轻微	水、油、浆汁、肥皂液、油漆	400 ~ 600
一般	工业废水、颜料、泥浆、悬浮液、灰浆、油井	200 ~ 400
严重	水煤浆、陶土、石灰浆、黏土、油井	50 ~ 200

4)流体为乳胶状液体时其结构对转速的敏感程度。

当泵输送流体是为了从含油污水中分离油时,要求不使介质乳化加剧,需要泵低速运行,通常转速不超过 200r/min。

1.5.4　螺杆泵型号表示方法

1.5.4.1　单螺杆泵

根据 JB/T 8644—2007《单螺杆泵》中的相关说明,单螺杆泵型号的组成型式如图 1.34 所示。

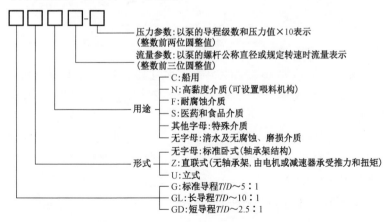

图 1.34　单螺杆泵型号的组成型式

型号标记示例：

螺杆公称直径15mm，一个标准导程级数、卧式、输送食品或医药介质用单螺杆泵，标记为：GS15—1。

200r/min 时，理论流量 $Q = 2\mathrm{m}^3/\mathrm{h}$，最高工作压力 $p = 0.6\mathrm{MPa}$，长导程，耐腐蚀介质用单螺杆泵标记为：GLF002—06。

1.5.4.2　三螺杆泵

根据 GB/T 10886—2002《三螺杆泵》中的相关说明，三螺杆泵型号的组成型式如图 1.35 所示。

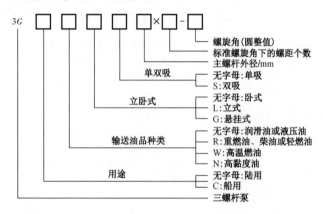

图 1.35　三螺杆泵型号的组成型式

型号标记示例：

螺杆螺旋角为 46°、螺距个数为 4、主螺杆外径为 25mm、输送油品为润滑油或液压油、单吸卧式陆用三螺杆泵，标记为：3G25 × 4—46。

螺杆螺旋角为 38°、螺距个数为 2、主螺杆外径为 100mm、输送油品为润滑油或液压油、双吸立式船用三螺杆泵，标记为：3GCLS100 × 2—38。

1.5.5　螺杆泵的性能曲线

螺杆泵的输入功率、泵效率和流量与压力的关系曲线即性能曲线如图 1.36 所示。螺杆泵的流量具有一定的刚性,即在一定工作压力范围内流量稳定性较好,随着泵出口压力的增加,泵流量逐渐减小,泵效率变化呈抛物线,泵有一最高效率点,过了最高效率点,泵效率呈递减趋势,这说明随出口压力的增加,螺杆泵与衬套之间的间隙加大,高压液体沿螺杆衬套副密封线的窜流现象加剧,导致泵效率的降低。

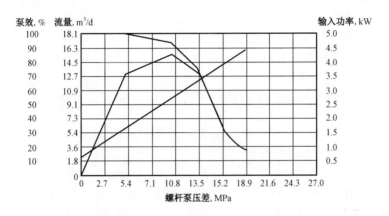

图 1.36　螺杆泵的输入功率、泵效率和流量与压力的关系曲线

1.5.6　螺杆泵系统工况点的调节

1.5.6.1　电动机变频调节

螺杆泵流量的大小和转速成正比,使用变频调速的方法可以调节螺杆泵的流量。

1.5.6.2　旁路调节

在螺杆泵进出管道间连接有一旁路管道,设置旁路阀。在需要时,可开启旁路阀,使全部或部分液体流回到螺杆泵的入口。改变旁路阀门的开度大小,即可调节螺杆泵的流量。由于这种方法比较灵活方便,所以应用比较广泛,经常应用压力比较低的泵的流量调节。

2 泵机组节能监测方法

节能监测是依据国家有关节约能源的法律法规(或行业、地方规定)和节能标准,通过设备测试、能质检验等技术手段,对用能单位的能源利用状况进行定量分析,为用能单位改进能源管理和开展节能技术改造提供科学依据。在油田生产过程中,对泵机组进行节能监测具有十分重要的意义。通过对泵机组流量、吸入和排出压力、电动机功率等参数的测量,分析得到泵效率和泵机组效率,进而制定合理的技术措施,为油田泵机组提效提供切实可行的技术依据。

2.1 测试内容

根据 GB/T 16666—2012《泵类液体输送系统节能监测》以及 GB/T 31453—2015《油田生产系统节能监测规范》等标准的要求,油田泵机组主要监测项目包括电动机效率、泵效率、泵机组效率和吨·百米耗电量。

主要测试项目为电动机输入功率或电流、电压和功率因数;泵吸入压力、排出压力、泵流量、泵进出口测压点到泵水平中心线的垂直距离、泵进出口法兰处管道内径等。

2.2 测试要求

节能监测应在节能检查项目通过后、被测系统正常生产的实际运行工况下进行。测量时应保证运转稳定。节能检查项目如下:

(1)主要耗能设备是否使用国家公布的淘汰产品。

(2)用能设备是否正常运行,如泵运转时有无剧烈震动和异常响声,润滑油有无泄漏等。

(3)吸入、排出压力等测试仪表是否齐全正常。

(4)在线能源计量器具的配备和管理是否符合 GB 17167《用能单位计量器具配备和管理通则》和 GB/T 20901《石油石化行业能源计量器具配备和管理要求》的相关规定。

(5)用能单位是否建立能源计量器具档案和设备运行、检修记录。

(6)设备铭牌是否配备,泵的型号、额定流量、扬程等参数是否齐全。

(7)测试环境是否安全,如配电柜的电源线有裸露,存在安全隐患不予测试,选取正常情况测试。

测试所用仪器应能满足项目测试的要求,仪器应检定/校准合格并在检定周期以内。具体要求如下:

(1)介质温度测试仪器的准确度不应低于 ±0.5℃。

(2)液体流量测试仪器的准确度等级不应低于 1.5 级。

(3)压力测试仪器的准确度等级不应低于 1.6 级。

(4)电流测试仪器的准确度等级不应低于 1.0 级。

(5)电压测试仪器的准确度等级不应低于 1.0 级。

(6)功率因数测试仪器的准确度等级不应低于 1.5 级。

(7)功率测试仪器的准确度等级不应低于 1.5 级。

测试时应保证液体流量、压力、电动机输入功率等主要参量同步测试,应保证每组数据的读取同步进行,取每个测试参量各次读数的算数平均值作为最后的计算值。监测时,要求测试时间不少于 30min,每隔 10min 记录一组数据,每个测点数据采集的时间不少于 5min。

2.3 主要测试参数

对于油田用泵机组主要需测试泵吸入、排出压力,泵的流量,泵进出口法兰处管道内径,电动机输入功率等参数。对于采用变频调速装置的泵机组,则要求采用能测试变频器输入、输出参数的仪器。泵机组铭牌及测试参数见表2.1。

表2.1 泵机组铭牌及测试参数

序号	名称	符号	单位	数据来源
1	泵型号			铭牌数据
2	额定扬程	H_r	m	铭牌数据
3	额定流量	Q_r	m³/h	铭牌数据
4	泵额定功率	P_{pr}	kW	铭牌数据
5	设计效率	η_{pr}	%	铭牌数据
6	电动机型号			铭牌数据
7	电动机额定功率	P_N	kW	铭牌数据
8	额定电流	I_N	A	铭牌数据
9	额定电压	U_N	V	铭牌数据
10	额定转速	n_N	r/min	铭牌数据
11	额定效率	η_N	%	铭牌或查表
12	电动机与机泵连接方式			现场统计
13	吸入管线外径	D_1	mm	测试数据
14	进口管线壁厚	δ_1	mm	测试数据
15	排出管线外径	D_2	mm	测试数据
16	出口管线壁厚	δ_2	mm	测试数据
17	出、进口压力表高差	ΔZ	m	测试数据
18	介质密度	ρ	kg/m³	化验数据
19	介质流量	Q	m³/h	测试数据
20	介质出口温度	t	℃	测试数据
21	泵吸入压力	p_s	MPa	测试数据
22	泵出口节流阀阀前压力	p_d	MPa	测试数据
23	泵出口节流阀阀后压力	p_v	MPa	测试数据
24	电压	U	V	测试数据

序号	名称	符号	单位	数据来源
25	电流	I	A	测试数据
26	电动机输入功率	P_m	kW	测试数据
27	电动机功率因数	$\cos\varphi$		测试数据
28	进口管线内介质流速	v_1	m/s	$Q \times 10^4 / [9\pi(D_1 - 2\delta_1)^2]$
29	出口管线内介质流速	v_2	m/s	$Q \times 10^4 / [9\pi(D_2 - 2\delta_2)^2]$
30	泵扬程	H	m	$(p_d - p_s) \times 10^6/(\rho g) + \Delta Z + (v_2^2 - v_1^2)/(2g)$
31	泵输出功率	P_{out}	kW	$\rho g Q H/(3600 \times 10^3)$
32	机组效率	η_{ov}	%	$P_{out}/P_m \times 100\%$
33	节流损失率	ε	%	$(p_d - p_v)/p_d \times 100\%$
34	输液单耗	b	kW·h/t	$1000 P_m/(\rho Q)$

2.4　测试仪器选取

进行泵节能监测所用仪器主要为电能、流量、温度和压力测试仪。

2.4.1　电能测试仪器

电能或电工测试仪器按被测参数的种类可分为电流表、电压表、功率表、电能表、频率表和相位表等。按电流的种类可分为直流、交流和交直流两用仪器。按使用方式的种类可分为开关板式与可携式仪器。按仪表测量结果显示方式的种类可分为指针指示、光标指示和数字显示仪器等。

目前泵机组电参数测试常用的测试仪器型号有 HIOKI 3169 型钳式功率计、共立(KYORITSU)KEW 6310 电能功率计、HIOKI 3196 电力质量分析仪、HIOKI 3390 - 10 功率分析仪、Fluke Norma 4000/5000 功率分析仪,常用相序测试仪表有共立 8035 型相序表和 Fluke F9040 相序表等。

下面以 HIOKI 3169 型钳式功率计、HIOKI 3390 - 10 功率分析仪和共立 8035 型相序表等常用电能测试仪器为例进行介绍。

2.4.1.1　HIOKI 3169 型钳式功率计

HIOKI 3169 型钳式功率计电流、电压均采用真有效值测量方式,功率测试采用电流、电压及功率因数三项参数测试的方法,电能测试采用瞬时功率累积法,瞬时功率因数测试采用电流电压夹角余弦值,累计平均功率因数采用有功功率与视在功率比值计算值。该功率计体积小、重量轻,可以测量从单相到三相四线的所有电能参数;能测量真正三相不平衡的功率及中线漏电流的大小;有功功率能够区分流入、流出,无功功率能够区分感性、容性,功率因数能够区分超前、滞后;带有大内存,可长时间连续记录测量数据;能测量四个回路(单相 2 线),二个回路(3 相 3 线),或一个单回路(3 相 4 线)系统;带有接线检查功能,避免了在节能测试中由于接线的问题而造成功率和累计电度的测量不准。

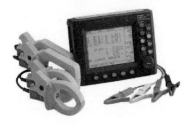

图 2.1　HIOKI 3169 型钳式功率计

HIOKI 3169 型钳式功率计见图 2.1,产品性能见表 2.2,使用条件见表 2.3。

表 2.2　HIOKI 3169 型钳式功率计性能

接线方式	单相二线,单相三线,三相三线,三相四线		
测量项目	电压、电流、有功功率、无功功率、视在功率、功率因数、集成有功功率、集成无功功率、频率、谐波		
量程	电压:150/300/600.00V　AC		
	电流:[使用 9694 时]　500mA,1/5A　AC		
	[使用 9695 - 02 时]　500mA,1/5/10/50A　AC		
	[使用 9660,9695 - 03 时]5/10/50/100A　AC		

2 泵机组节能监测方法

接线方式	单相二线,单相三线,三相三线,三相四线		
量程	[使用9661时] 5/10/50/100/500A AC		
	[使用9669时] 100/500/1kA AC		
	[使用9667时] 500/5kA AC		
	有功功率:75W~9MW(根据组合电压和电流量程)		
测量方式	数字采样,PLL同步或50/60Hz固定时钟		
基本精度	有功功率:±0.2% rdg., ±0.1% f.s. +电流钳精度(有功功率)(45~66Hz)		
	功率因数:±1字		

表 2.3　HIOKI 3169 型钳式功率计使用条件

运行环境	室内,海拔高度 <2000m
运行温度和湿度	0~40℃,80% RH 或更少(无凝结)
保存温度和湿度	-10~50℃,80% RH 或更少(无凝结)
耐压(50/60Hz,1min 间隔)	5.55kVrms AC:在输入电压端口和3169外壳间
	3.25kVrms AC:在输入电压端口和输入电流端口/外部接口端口间
	2.3kVrms AC:在电源和3169外壳间
	1.35kVrms AC:在电源和电流输入端口/外部接口端口间
电源电压/频率	100~240V AC,50/60Hz
最大额定功率	30VA

2.4.1.2　HIOKI 3390-10 功率分析仪

HIOKI 3390-10 功率分析仪是日本日置公司生产的用于精确分析电能参数的测试仪器,采用 HIOKI 独特的电流传感器技术,实现了适用于电动机评估的宽量程、高精度测量。电流传感器根据测量对象可以自由选择20A~500A 的 AC 或 AC/DC 类型的"轻巧型钳式电流传感器"和"高精度的贯通型电流传感器"。配备4通道绝缘输入、电流传感器连接;所有的数据更新都是50ms;特别支持电动机评估和分析;具备 HTTP 服务器功能以及专用 PC 软件;可用于波形输出,16 通道 D/A 输出。

HIOKI 3390-10 功率分析仪见图2.2,产品性能见表2.4,使用条件见表2.5。

图 2.2　HIOKI 3390 – 10 功率分析仪

表 2.4　HIOKI 3390 – 10 功率分析仪产品性能

测量接线	单相 2 线,单相 3 线,三相 3 线,三相 4 线
测量项目	电压(U)、电流(I)、电压/电流峰值(U_{pk}/I_{pk})、有功功率(P)、无功功率(Q)、视在功率(S)、功率因数(λ)、电相角(φ)、频率(f)、电流累积(I_h)、功率累积(W_P)、功率(N)、损耗($Loss$)、电压脉冲率/电流脉冲率(U_{rf}/I_{rf})
	干扰测量(FFT 算法处理):RMS　频谱
	谐波测量(RMS 值、功率因数、相位角、总消耗、不平衡的因素)
	附加功能(可选 9791 或 9793 安装在主机中):扭矩、转速、频率、转差率或发动机输出
谐波测量	输入:4 通道,同步频率范围:0.5 Hz ~ 5kHz
	谐波分析次数:最大 100 以内
干扰测量	通道数:1 通道(从 CH1 到 CH4 通道中选择 1)
	最大分析频率:100/50/20/10/5/2kHz
测量量程	电压量程:15/30/60/150/300/600/1500V
	电流量程: 当使用 20A 的额定传感器时: * 400m/ * 800m/2/4/8/20A(* 使用选件 9277); 当使用 200A 的额定传感器时:4/8/20/40/80/200A; 当使用 50A 的额定传感器时:1/2/5/10/20/50A; 当使用 500A 的额定传感器时:10/20/50/100/200/500A
	功率范围:取决于电压和电流组合的范围(6.0000W ~ 2.2500MW)
	频率范围:0.5Hz ~ 5kHz

续表

测量接线	单相2线,单相3线,三相3线,三相4线
基本精度	电压:±0.05%rdg.,±0.05%f.s.
	电流:±0.05%rdg.,±0.05%f.s. +电流传感器精确度
	有功功率:±0.05%rdg.,±0.05%f.s. +电流传感器精确度
同步频率范围	0.5Hz~5kHz
频段	DC,0.5Hz~150kHz

表2.5 HIOKI 3390－10功率分析仪使用条件

精度保证条件	电流输入:使用专用电流测量选件时(使用其他电流传感器时,按照3390的精度参数)
	精度保证温湿度范围: 23℃±3℃,80%相对湿度以下(3390－10); 23℃±5℃,80%相对湿度以下(9709－10的50A~500A量程时); 23℃±5℃,80%相对湿度以下时调零后±0.1℃(9709－10的10A,20A量程时); 0℃~40℃,80%相对湿度以下(CT6862－10、CT6863－10)
精度保证条件	预热时间:30min以上
	输入:正弦波输入、功率因数1、对地间电压0V; 和电流传感器一起在23℃±3℃下调零后满足基波为同步源的条件范围内时
温度系数	使用温度范围和上述的精度保证温湿度范围以外使用时,加上以下(f.s.适用3390－10的量程)
	3390－10:±0.01%f.s./℃ DC时加上±0.01%f.s./℃
	9709－10: 电流:±0.01%f.s./℃ DC时加上±(0.005%f.s.+2mA)/℃; 有功功率:±0.01%f.s./℃,DC时加上±(电压读数值×0.005%f.s.+2mA)/℃
	CT6862－10,CT6863－10: 电流:±0.01%f.s./℃,DC时加上±0.005%f.s. /℃; 有功功率:±0.01%f.s./℃,DC时加上±(电压读数值×0.005%f.s.)/℃

续表

功率因数的影响	±0.2% f. s. 以下(45Hz ~ 66Hz,功率因数 = 0.0 时)
	选择 LPF500Hz 时,加上 ±0.45% f. s. (f. s. 适用 3390 - 10 的量程)
数据更新率	50ms(测量谐波,取决于同步频率小于 45Hz 时)
显示刷新率	200ms(从内部数据更新率中独立,波形,FFT 根据画面而定)
数据保存时间间隔	关,50/100/200/500ms,1/5/10/15/30s,1/5/10/15/30/60min
外部接口	LAN,USB(通信/储存),RS - 232C,CF 卡,同步控制
要求电源	100 ~ 240V AC,50/60Hz,140V · A max

图 2.3 共立 8035 型相序表

2.4.1.3 共立 8035 型相序表

共立 8035 型相序表采用静电感应检测方法检测电源相序,具有相位旋转(顺时针或逆时针),指示、开相检测功能。

共立 8035 型相序表见图 2.3,产品性能见表 2.6,使用条件见表 2.7。

表 2.6 共立 8035 型相序表产品性能

测试电压量程	70 ~ 1000V AC 相—相(正弦波,连续输入)
导体直径范围	2.4 ~ 30mm 绝缘电线(横截面:约 1.5 ~ 325mm²)
测试频率范围	45 ~ 66Hz
相位旋转	顺时针:绿色箭头 LED 顺时针"旋转",绿色标志"CW"点亮,间歇音蜂鸣;逆时针:红色箭头 LEDs 逆时针"旋转",红色标志"CCW"点亮,连续音蜂鸣

表 2.7 共立 8035 型相序表使用条件

操作温湿度范围	温/湿度范围：－10～50℃,80%（无结露）
保存温湿度范围	温/湿度范围：－20～60℃,80%（无结露）
电源	碱性电池(LR6)； 连续使用时间：约 100h(自动关机约 10min)
电池电压警告	电池电压过低时,电源 LED 闪烁
测试线	双重绝缘电线,长度约 70cm
彩色码	蓝色 L1(U),红色 L2(V),白色 L3(W)
安全规格	IEC 61010－1《用于测量、控制和电气设备的安全要求　实验室用》,CAT 600V,CAT 1000V　污染度 2,IEC 61326－1《测量、控制和实验室用电气设备　电磁兼容性(EMC)要求》

2.4.2　流量测试仪器

用来测量流体流量的仪器常称为流量计。流量计种类繁多,可适用于不同场合。

油田生产中流量测量仪表按照测量方式大致可归纳为以下 3 类:通过测量流体差压信号来反映流量的差压式流量计,典型的有毕托管和孔板流量计;利用标准小容积来连续测量流量的容积式流量计,典型的有齿轮流量计、腰轮流量计、刮板流量计和旋转活塞式容积流量计;通过直接测量流体流速得出流量的速度式流量计,典型的有涡轮流量计、涡街流量计、电磁流量计和超声波流量计。

2.4.2.1　差压式流量计

在流体流动的管道内设置节流件,当流体流经时,流束将在节流件处形成局部收缩,从而使流速增加,静压降低,于是在节流件前后便产生了压力降,即压差。介质流动的流量越大,在节流件前后产生的压差就越大。在节流孔截面积不变的条件下,流体的流量与压差的平方根成正比,因此测出节流件前后的压差即可得到流量大小。

在流量检测仪器中,把节流件与取出差压信号的整个装置称为节流装置。差压式流量计包括节流装置、差压信号引出管路和差压变送器三部分。产生差压的装置有多种形式,常见的有孔板、喷嘴和文丘里管等。标准节流装置按统一标准规定进行设计、制作和安装。节流件有标准孔板、ISA1932 喷嘴、长径喷嘴、经典文丘里管和文丘里喷嘴。

孔板流量计是一种差压式流量计,如图 2.4 所示。它是标准孔板与多参数差压变送器(或差压变送器、温度变送器及压力变送器)配套组成的差压流量测量装置,可用于泵流量的测量,其结构简单、牢固、性能稳定可靠、价格较低廉。孔板为标准节流装置,标准型节流装置无须实流校准即可投用。但测量的重复性、精确度在流量计中属于中等水平,由于众多因素的影响错综复杂,精确度难于提高,且有较长的直管段长度要求,对于较大管径,一般不易满足。

图 2.4　孔板流量计

图 2.5　容积式流量计

2.4.2.2　容积式流量计

容积式流量计是一种记录一段时间内流过流体总量的累积式流量仪表,如图 2.5 所示。当流体流过流量计时,内部机械运动件在流体动力作用下,把流体分割成单个已知的体积,通常称为"计量空间"或"计量室",并进行充分不断地充满和排空,经过机械或电子测量技术记录其循环次数,得到流体的累积流量。在油田生产中,容积式流量计主要用于原油流量的测量。油田常用的容积式流量计主要有椭圆齿轮流量计和腰轮流量计。

2.4.2.3   速度式流量计

速度式流量计是以测量管道内流体的平均速度来测量流量的仪表。由于测量速度的方法很多,所以速度式流量计根据被测物理量的不同,有很多种不同的测量原理。

1)涡轮流量计。

涡轮流量计是速度式流量计,它是以流体动量矩守恒原理为基础的流量仪表,如图2.6所示。在管道中心安放一个涡轮,两端由轴承支撑,当流体通过管道时,冲击涡轮叶片,对涡轮产生驱动力矩,使涡轮克服摩擦力矩和流体阻力力矩而旋转。在一定的流量范围内,对一定的流体介质黏度,涡轮的旋转角速度

图2.6   涡轮流量计

与流体流速成正比。由此,流体流速可通过涡轮的旋转角速度得到,从而可以计算得到通过管道的流体流量。涡轮流量计准确度高,量程比宽,适应性强,压力损失小。涡轮流量计一般用于低黏度、低腐蚀性液体的测量。

2)电磁流量计。

电磁流量计的测量原理是法拉第电磁感应定律,即导电液体在磁场中作切割磁力线运动时,在对称安装在管道两侧的电极上将产生感应电势,其值与液体体积流量成线性关系。

电磁流量计由流量传感器和转换器两大部分组成。传感器测量管的上下装有激磁线圈,通激磁电流后产生磁场穿过测量管,一对电极装在测量管内壁与液体相接触,引出感应电势,送到转换器。转换器的任务是将传感器上产生的感应电势转换成$0 \sim 10mA$的直流信号输出,该信号经转换器放大处理,实现各种显示功能和

图 2.7　电磁流量计

输出功能。图 2.7 为常见的电磁流量计。

电磁流量计具有结构简单,耐腐蚀性强,可靠性高,稳定性好,操作简单,测量结果不受温度、压力、密度、洁净度等介质物理特性和工况条件的影响,容易检修等特点。电磁流量计不产生因检测流量所形成的压力损失,仪表的阻力仅是同一长度管道的沿程阻力,节能效果显著,对于要求低阻力损失的大管径输水管道更为适合。电磁流量计所测得的体积流量,实际上不受流体密度、黏度、温度、压力和电导率(只要在某阈值以上)变化的明显的影响。与其他大部分流量仪表相比,前置直管段要求较低。电磁流量计测量范围大,可选流量范围宽。电磁流量计的口径范围比其他品种流量仪表宽,从几毫米到 3m。可测正反双向流量,也可测脉动流量,只要求脉动频率低于激磁频率很多。仪表输出本质上是线性的。但电磁流量计不能测量电导率很低的液体,不能测量气体、蒸汽和含有较多较大气泡的液体,不能用于较高温度的液体。有些型号仪表用于远低于室温的液体,因测量管外凝露(或霜)而破坏绝缘。

3)涡街流量计。

涡街流量计是利用流体振荡的原理进行测量的。当流体绕流非流线形物体时产生卡门涡街流体振动现象。在流量计管道中,安放一根(或多根)非流线型阻流体,流体在阻流体两侧交替地分离释放出两串规则的旋涡,在一定的流量范围内旋涡分离频率正比于管道内的平均流速,通过采用各种形式的检测元件测出旋涡频率就可以推算出流体流量。

涡街流量计由流量传感器和转换器两大部分组成。传感器包括旋涡发生体(阻流体)、检测元件、仪表表体等;转换器包括前置

放大器、滤波整形电路、D/A 转换电路、输出
接口电路、端子、支架和防护罩等。近年来智
能式流量计还把微处理器、显示通信及其他
功能模块亦装在转换器内。图 2.8 为常见的
涡街流量计。

涡街流量计结构简单、牢固、安装维护方
便(与节流式差压流量计相比,无须导压管,
可减少泄漏、堵塞和冻结等),精确度较高
(与差压式流量计比较),量程范围宽,压力

图 2.8　涡街流量计

损失小(约为孔板流量计的 1/4 ~ 1/2)。输出与流量成正比的脉冲
信号,适用于总量计量,无零点漂移;在一定雷诺数范围内,输出频
率信号不受流体物性(密度、黏度)和组分的影响,即仪表系数仅与
旋涡发生体及管道的形状和尺寸有关,只需在一种典型介质中校
验而适合于各种介质。

但涡街流量计也有不足之处,旋涡分离的稳定性受流速分布
畸变及旋转流的影响,对直管段要求高,应根据上游侧不同形式的
阻流件配置足够长的直管段,且对机械振动较敏感,不宜用于强振
动场所。

4)超声波流量计。

超声波流量计广泛应用于油田注水系统的流量测量中。这种
流量计是由测流速来反映流量大小的。当超声波在流动的流体中
传播时就载上流体流速的信息,因此通过接收到的超声波就可以
检测出流体的流速,从而换算成流量。

根据检测的方式可分为传播速度差法(时差式)、多普勒法、波
速偏移法、噪声法及相关法等不同类型的超声波流量计。利用时
差式原理制造的时差式超声波流量计近年来得到广泛的关注和使
用,是目前使用最多的一种超声波流量计。GE 便携式超声波流量
计 PT878GC 是一个通用型、功能齐全、手持式时差系统,并有多种
可选功能以满足流体测量需求。图 2.9 为 PT878GC 便携式超声波

流量计。

超声波流量计由超声波换能器、电子线路及流量显示和累积系统三部分组成。超声波发射换能器将电能转换为超声波能量,并将其发射到被测流体中,接收器接收到的超声波信号,经电子线路放大并转换为代表流量的电信号,供给显示和计算仪表进行显示和计算,实现流量的检测和显示。

超声波流量计是近十几年来随着集成电路技术迅速发展才开始应用的一种非接触式仪表,适于测量不易接触和观

图 2.9　PT878GC 便携式
超声波流量计

察的流体以及大管径流量。使用超声波流量计不用在流体中安装测量元件,故不会改变流体的流动状态,不产生附加阻力,仪表的安装及检修均可不影响生产管线运行,因而是一种理想的节能型流量计。超声波流量计管径的适用范围为 2cm ~ 5m。

超声波流量计流量测量准确度几乎不受被测流体温度、压力、黏度、密度等参数的影响,又可制成固定式及便携式测量仪表,故可解决其他类型仪表所难以测量的强腐蚀性、非导电性、放射性以及易燃易爆介质的流量测量问题。但超声波流量计的温度测量范围不高,一般只能测量温度低于 200℃ 的流体,且抗干扰能力差,易受气泡、结垢、泵及其他声源混入的超声杂音干扰,影响测量精度。直管段要求严格,为前 $15D$(D 为被测管道内径)后 $5D$,否则测量精度低。其安装的不确定性会给流量测量带来较大误差,且价格较高。

2.4.3　温度测试仪表

温度测试仪表种类较多,范围很广,按使用方式分为接触式和非接触式两类。接触式仪表主要有玻璃管液体温度计、热电偶温

度计、热电阻温度计、双金属温度计和压力式温度计等;非接触式仪表主要有光学高温计、辐射高温计和比色高温计。在油气田泵机组的节能监测中,温度测量参数主要有环境温度、泵的入口和出口温度。温度参数的测量以玻璃水银温度计、热电偶温度计、红外测温仪为主。下面介绍几种常用温度测试仪表。

2.4.3.1 玻璃温度计

1)工作原理。

玻璃温度计由测温包、毛细管、标尺组成,它是利用感温液体受热而体积膨胀、冷却后体积收缩的性质制成的膨胀式温度计,是传统的测温仪器。常用的感温液体有水银和酒精等。从使用方法上区分,可以分为全浸式温度计和局浸式温度计两种,全浸式温度计在测量液体时需要将玻璃温度计全部放入被测物中,局浸式只需浸入温度计上标明的指定位置即可。

2)特点及适用范围。

玻璃温度计的特点是使用方便、精确度高、价格低廉,无需电源。其缺点是惰性大、能见度低、不能自动记录和远传。玻璃温度计在生产和生活中得到广泛的应用,同时也适用于各种科研、教育、医疗机构的实验室、化验室的温度测量等。通常酒精温度计中酒精的沸点(78℃)较低,凝固点在 -117℃,因此多用于测低温物质。而水银温度计中水银的凝固点是 -39℃,沸点是 356.7℃,所以通常用来测量高温物质。

3)典型仪器。

目前工业上常用到的玻璃温度计有 WNG/WNY 玻璃棒式温度计、WNG/WNY 金属套温度计、WXG 系列玻璃电接点温度计、WNG 标准水银温度计、WNY/WNG 玻璃内标式温度计等,下面以 WNG 标准水银温度计为例进行介绍。

WNG 标准水银温度计是利用水银在感温泡和毛细管内的热胀冷缩原理来测量温度的。其结构分为内标式和棒式两种,主要作为检定工作用温度计的标准器,也可用于精密温度测量,测量范围为(-60℃ ~ +500℃),由一支测温范围为 -60 ~ 0℃汞基温度计和测温范围为 -30 ~ +300℃的七支组及 300 ~500℃四支组的水银温度计组成。可作为检定工作用玻璃液体温度计和其他类型温度计的标准器,也可用于精密测温,其分度值为 0.1℃。

WNG 标准水银温度计(七支组)见图 2.10,主要性能参数见表 2.8。

图 2.10   WNG 标准水银温度计

表 2.8   **WNG 标准水银温度计主要性能参数**

名称	型号	规格	测温范围,℃	精度等级(分度值)	浸没方式
标准温度计	WNG	一支组	-30 ~ 20	0.1℃	全浸
		二支组	0 ~ 50		
		三支组	50 ~ 100		
		四支组	100 ~ 150		
		五支组	150 ~ 200		
		六支组	200 ~ 250		
		七支组	250 ~ 300		

使用 WNG 标准水银温度计时应注意以下几方面:

(1)使用时需要注意安装方法,在被测介质具有一定压力时,必须设置测温套管,当温度小于 200℃时,套管内装上机油;温度大于 200℃时,装上铜屑,以减少热阻。

(2)测量流动介质温度时,温度计应逆流向安放,或与流向垂直安放,套管插入深度要达到介质输送管的中心线。

（3）根据管内介质温度高低合理选择温度计量程，以能直接观测到测量读数为佳。

（4）测量环境温度时，温度计应放置在阴凉处，避免光源直接照射。

2.4.3.2　热电偶温度计

1）工作原理。

热电偶温度计由热电偶、补偿导线和电气测量仪表三部分组成，利用两种成分的导体（热电偶丝或热电极）两端接合成回路，当两个接合点温度不同时，在回路中产生电动势（热电动势），利用这种热电效应把温度信号转换成热电动势信号，通过电气仪表转换成被测介质的温度进行测量。

2）特点及适用范围。

热电偶作为热电偶温度计的主要测温元件，是目前接触式测温中应用最广泛的温度传感器，广泛用于测量 $-50℃ \sim 1300℃$ 范围内的温度。它具有结构简单、制造安装方便、测量范围宽、准确度高、动态响应时间快、适用于远距离测量和自动控制等特点。注汽锅炉的排烟温度、炉管管壁温度、蒸汽温度及燃烧器的瓦口温度都是用热电偶温度计测量的。

常用热电偶可分为标准热电偶和非标准热电偶两大类。标准热电偶是指国家标准规定了其热电势与温度的关系、允许误差并有统一的标准分度表的热电偶，它与其配套的显示仪表可供选用。非标准热电偶在使用范围或数量级上均不及标准热电偶，一般也没有统一的分度表，主要用于某些特殊场合的测量。

目前我国采用国际电工委员会推荐的 8 种标准化热电偶：铂铑$_{10}$—铂热电偶（S 型）、铂铑$_{13}$—铂热电偶（R 型）、铂铑$_{30}$—铂铑$_6$热电偶（B 型）、镍铬—镍硅热电偶（K 型）、镍铬硅—镍硅热电偶（N 型）、镍铬—铜镍合金（康铜）热电偶（E 型）、铁—铜镍合金（康铜）热电偶（J 型）、铜—铜镍合金（康铜）热电偶（T 型）。其中 S，

R,B 属于贵金属热电偶,K,N,E,J,T 属于廉价金属热电偶。常用热电偶特性及使用范围如下:

(1)铂铑$_{30}$—铂铑$_6$热电偶(分度号为 B)。

它也称双铂铑热电偶,是 20 世纪 60 年代发展起来的一种典型的高温热电偶。以铂铑$_{30}$(铂 70%,铑 30%)为正极,铂铑$_6$(铂 94%,铑 6%)为负极,测温上限长期可达 1600℃,短期可达 1800℃。其热电特性在高温下稳定,适于在氧化性或中性介质中使用,但它产生的热电势小、价格高。在室温下热电势极小(25℃时为 $2\mu v$,50℃时为 $3\mu v$),因此当冷端温度在 40℃以下范围使用时,一般不需要进行冷端温度补偿。

(2)铂铑$_{10}$—铂热电偶(分度号为 S)。

铂铑$_{10}$为正极,纯铂丝为负极,使用温度 0～1400℃,测温上限长期使用为 1300℃,短期可达 1600℃,适于在氧化性及中性介质中使用,物理化学性能稳定,耐高温,不易氧化。在所有的热电偶中,它的精度最高,可用于精密温度测量和做基准热电偶,但价格高,热电势小、线性较差,在还原介质及金属蒸汽中使用易于污染变质,在真空下只能短期使用。

(3)镍铬—镍硅热电偶(分度号为 K)。

镍铬为正极,镍硅为负极,长期使用温度 0～1000℃,测温上限长期使用为 1000℃,短期使用可达 1200℃。此热电偶由于正、负极材料中含镍,故抗氧化性、抗腐蚀性好,500℃以下可用于氧化性及还原性介质中,500℃以上只宜在氧化性和中性介质中使用。热电势与温度近似为线性,热电势比铂铑$_{10}$—铂热电偶高 3～4 倍,价格便宜,应用广泛。

(4)镍铬—康铜热电偶(分度号为 E)。

镍铬为正极,康铜(含镍40%的铜镍合金)为负极,测温范围为 −200～870℃,但在 750℃以上只宜短期使用。该热电偶稳定性好,使用条件同 K 型热电偶,但热电势比 K 型热电偶高一倍,价格低廉,并可用于低温测量,尤其适宜在0℃以下使用,而且在湿度大的情况下,较其他热电偶耐腐蚀。

(5)铜—康铜热电偶(分度号为T)。

该热电偶正极为纯铜,负极为康铜,适用测温范围一般为 -200~300℃,短期可达350℃。在廉价金属热电偶中它的精确度高,稳定性好,低温测量灵敏度高,可用于真空、氧化、还原及中性介质中,但由于铜在高温时易氧化,故一般使用时不超过300℃。因铜热电极的热导率高,低温下易引入误差。

(6)铁—康铜热电偶(分度号为J)。

该热电偶正极为铁,负极为康铜,一般测温范围为 -40~750℃。它是廉价金属热电偶,适用的介质同铜—康铜热电偶,这种热电偶在700℃以下线性好,具有较高的灵敏度。由于铁易氧化生锈,故不能在高温或含硫的介质中使用。

3)典型仪器。

目前工业常用到的热电偶有铠装热电偶、装配热电偶、耐磨热电偶、高温热电偶、贵金属热电偶、铂铑热电偶、防爆热电偶等。下面以活动螺纹管接头式热电偶(防喷式)为例进行介绍。

活动螺纹管接头式热电偶(防喷式)是工业用装配式热电偶,作为测量温度的变送器,通常与显示仪表、记录仪表和电子调节器配套使用。它可以直接测量各种生产过程中0~1800℃范围的液体、蒸汽和气体介质以及固体的表面温度。此热电偶通常由感温元件、安装固定装置和接线盒等主要部件组成。

活动螺纹管接头式热电偶主要性能参数如下:

(1)不同分度号热电偶的测量范围及基本误差见表2.9。

表2.9 不同分度号热电偶的测量范围及基本误差

热电偶类别	代号	分度号	测量范围	基本误差限
镍铬—康铜	WRK	E	0~800℃	$\pm0.75\%\,t$

热电偶类别	代号	分度号	测量范围	基本误差限
镍铬—镍硅	WRN	K	0～1300℃	±0.75%t
铂铑$_{13}$—铂	WRB	R	0～1600℃	±0.25%t
铂铑$_{10}$—铂	WRP	S	0～1600℃	±0.25%t
铂铑$_{30}$—铂铑$_6$	WRR	B	0～1800℃	±0.25%t

注:t 为感温元件实测温度值(℃)。

(2)热电偶时间常数见表2.10。

表2.10　热电偶时间常数

热惰性级别	时间常数,s	热惰性级别	时间常数,s
I	90～180	III	10～30
II	30～90	IV	<10

(3)热电偶最小插入深度应不小于其保护套管外径的8～10倍。

(4)当周围空气温度为15～35℃,相对湿度<80%时,绝缘电阻值≥5MΩ(电压100V)。具有防溅式接线盒的热电偶,当相对温度为(93±3)℃时,绝缘电阻≥0.5MΩ(电压100V)。

(5)热电偶在高温下,其热电极(包括双支式)与保护管以及双支热电极之间的绝缘电阻(按每米计)应大于表2.11规定的值。

表2.11　热电极与保护管以及双支热电极之间的绝缘电阻规定值

规定的长时间使用温度,℃	试验温度,℃	绝缘电阻值,Ω
≥600	600	72000
≥800	800	25000
≥1000	1000	5000

使用活动螺纹管接头式热电偶时应注意以下几个方面:

(1)使用时根据所测定的温度估计值及所在位置,选择所用的热电偶型号及长度。

(2)如热电偶的保护套管破碎,则不允许继续使用,否则热电偶会变质,大大影响测量准确性。

（3）热电偶高温计的连接线要用补偿导线。

（4）热电偶的安装应注意：安装方向应与被测介质形成逆流或正交；安装位置工作端应处于管道中流速最大的地方，保护管的末端应超过管道中心线 5～10mm。

2.4.3.3 热电阻

1）工作原理。

热电阻是中低温区最常用的一种温度检测仪器。它的主要特点是测量精度高，性能稳定。其中铂热电阻的测量精度最高，它不仅广泛用于工业测温，而且被制成标准的基准仪。

热电阻的测温原理是基于导体或半导体的电阻值随温度变化而变化这一特性来测量温度及与温度有关的参数。热电阻大都由纯金属材料制成，目前使用最多的是铂和铜，现在已开始采用镍、锰和铑等材料制造电阻。热电阻通常需要把电阻信号通过引线传递到计算机控制装置或者其他二次仪表上。

2）特点及适用范围。

铂电阻精度高，适用于中性和氧化性介质，稳定性好，具有一定的非线性，温度越高电阻变化率越小；铜电阻在测温范围内电阻值和温度呈线性关系，适用于无腐蚀介质。

3）主要参数。

主要参数见表 2.12。

表 2.12　热电阻主要性能参数

热电阻类型	允差等级	有效测温范围，℃		允差值
		线绕元件	膜式元件	
PRT	AA	−50～+250	0～+150	$\pm(0.100℃+0.0017\,|t|)$
	A	−100～+450	−30～+300	$\pm(0.150℃+0.002\,|t|)$
	B	−196～+600	−50～+500	$\pm(0.30℃+0.005\,|t|)$
	C	−196～+600	−50～+600	$\pm(0.60℃+0.010\,|t|)$
CRT		−50～+150		$\pm(0.30℃+0.006\,|t|)$

注：t 为感温元件实测值（℃）。

2.4.4　压力测试仪表

压力测量仪表按工作原理分为液柱式、弹性式、负荷式和电测式等类型。泵机组设备节能监测中常用弹性式压力仪表,按其显示方式,又分为指针式压力表和数字式压力表,下面对其进行介绍。

2.4.4.1　指针式压力表

指针式压力表的弹性元件在压力作用下会产生变形(即产生相应的机械位移量),通过检测机械位移量的大小,就可以得到所受压力的大小。如果弹性元件的几何尺寸和几何材料已定,并且保证其工作在弹性范围内,则认为弹性元件的变形位移与被测压力成线性关系,因此可以通过检测弹性元件的变形位移得到被测压力的大小。

指针式压力计的特点是结构简单,结实耐用,测量范围宽,便于携带和安装使用,可以配合各种变换元件做成各种压力计。同时还具有价格低廉、使用和维修方便的特点。其缺点是测量精度较低,频率响应低,不宜用于测量动态压力。

弹性元件是指针式压力计的测压敏感元件。同样的压力下,不同结构、不同材料的弹性元件会产生不同的弹性变量。常用的弹性元件有薄膜式、波纹管式、弹簧管式,其中波纹膜片和波纹管压力计多用于微压和低压检测;单圈和多圈弹簧管压力计可用于高、中、低压或真空度的检测。按照一般压力表标准要求,弹簧管压力表的精确度等级分为:1.0 级、1.6 级、2.5 级、4.0 级。仪表外壳公称直径(mm)系列为 40,60,100,150,200,250。其正常工作环境温度为 $-40 \sim +70℃$。目前油田泵机组常用 Y - 系列弹簧管压力表,其主要技术指标见表 2.13。

表 2.13　Y – 系列弹簧管压力表主要技术指标

型号	结构形式	准确度,%	测量范围,MPa
Y – 50Z	轴向无边		
Y – 60	径向无边		
Y – 60T	径向带后边	±2.5	
Y – 60Z	轴向无边		– 0.1 ~ 0, – 0.1 ~ 0.06,
Y – 60ZQ	轴向带前边		– 0.1 ~ 0.15, – 0.1 ~ 0.3,
Y – 100	径向无边		– 0.1 ~ 0.5, – 0.1 ~ 0.9,
Y – 100T	径向带后边		– 0.1 ~ 1.5, – 0.1 ~ 2.4,0 ~
Y – 100Z	轴向无边		0.1,0 ~ 0.16,0 ~ 0.25,0 ~
Y – 100ZQ	轴向带前边		0.4,0 ~ 0.6,0 ~ 1.0,0 ~ 1.6,
Y – 150	径向无边	±1.6	0 ~ 2.5,0 ~ 4,0 ~ 6,0 ~ 10,0 ~
Y – 150T	径向带后边		16,0 ~ 25,0 ~ 40,0 ~ 60
Y – 150Z	轴向无边		
Y – 150ZQ	轴向带前边		
工作温度: – 40 ~ 70℃			

　　为了使弹性元件能在弹性变形区工作,在选择压力表的量程时必须留有余地。通常在被测压力较稳定的情况下,最大压力值应不超过仪表测量上限的3/4;在被测压力波动较大时,最大压力值应不超过测量上限的2/3;为了保证测量精度,被测压力的最小值应不低于全量程的1/3。应根据工艺生产过程的技术条件(被测压力的高低、测量范围和精度以及是否需要报警和远传变送等)、被测介质的性质和环境条件(高温、腐蚀、振动等)合理地选择压力表的种类、型号、量程和准确度等级。

2.4.4.2　数字式压力表

　　数字压力表结合了世界领先的微处理技术和先进的模数转换算法,达到高精度、低功耗的要求。大屏幕液晶显示技术和独特的背景灯技术,使数据在夜晚也能清晰易读。采用进口芯片,对仪表数据采集、记忆、测量保持最高值。外壳采用不锈钢全密封,耐腐蚀、抗震动,可应用在多种复杂的环境中。其工作原理为:被测介质压力通过压力接口传到传感器的感压膜片,传感器将感应的电信号经放大、V/A 转换,送 CPU 进行处理,设置显示数字及控制开关量输出,并提供模拟量或数字量输出从而实现压力显示、控制和变送的过程。数字压力表的精确度等级分为:0.05 级、0.1 级、0.25 级、0.5 级,正常工作环境温度为 − 20 ~ + 50℃,测量范围为 − 100 ~ 0 ~ 100kPa,0 ~ 0.1 ~ 60MPa。

使用数字压力表时应注意以下几方面:

1)装在压力容器上的数字压力表,其最大量程应与设备的工作压力相适应。数字压力表的量程一般为设备工作压力的 1.5 ~ 3 倍,最好取 2 倍。若选用的数字压力表量程过大,由于同样精度的数字压力表,量程越大,允许误差的绝对值和肉眼观察的偏差就越大,则会影响压力读数的准确性;反之,若选用的数字压力表量程过小,设备的工作压力等于或接近数字压力表的刻度极限,则会使数字压力表中的弹性元件长期处于最大的变形状态,易产生永久变形,引起数字压力表的误差增大和使用寿命降低。另外,数字压力表的量程过小,一旦超压运行,指针越过最大量程接近零位,而使操作人员产生错觉,造成事故。因此,数字压力表的使用压力范围应不超过刻度极限的 60% ~ 70%。

2)工作用数字压力表的精度是以允许误差占表盘刻度极限值的百分数来表示的。精度等级一般都标在表盘上,选用数字压力表时,应根据设备的压力等级和实际工作需要来确定精度。

3)为了使操作人员能准确地看清压力值,数字压力表的表盘直径不应过小,如果数字压力表装得较高或离岗位较远,表盘直径应增大。

4)数字压力表用于测量的介质如果有腐蚀性,那么一定要根据腐蚀性介质的具体温度、浓度等参数来选用不同的弹性元件材料,否则达不到预期的目的。

5）重视日常使用维护,定期进行检查、清洗,并做好使用情况记录。

6）数字压力表一般检定周期为半年。强制检定是保障数字压力表技术性能可靠、量值传递准确、有效保证安全生产的法律措施。

2.4.5 测试仪器要求

泵机组测试仪器的准确度要求见表 2.14。

表 2.14 主要测试参数及测试仪器准确度要求

序号	参数名称	测试仪器名称	仪器准确度
1	电流	电流测试仪器	≤1.0 级
2	电压	电压测试仪器	≤1.0 级
3	功率因数	功率因数测试仪器	≤1.5 级
4	功率	功率测试仪器	≤1.5 级
5	介质流量	流量计	≤1.5 级
6	泵进、出口介质温度	测温仪表	≤ ±0.35℃
7	介质压力	压力表	≤1.6 级

如果现场不允许停机加装流量、压力测试仪器且在相关部位已安装压力和流量仪表,可根据情况读取数据作为测试数据。

2.5 测试方法

回转动力泵(离心泵、混流泵和轴流泵,以下简称"泵")的测试方法应符合 SY/T 5264—2012《油田生产系统能耗测试和计算方法》以及 GB/T 16666—2012《泵类液体输送系统节能监测》的规定,电动机测试方法应符合 GB/T 12497—2006《三相异步电动机经济运行》的规定。

2.5.1 测试对象的确定和资料的收集

应确定测试对象,划定被测系统的范围。应收集泵机组的相关参数,包括电动机型号及额定运行参数、泵型号及额定运行参数、设计运行能力、实际运行情况、设备的运行档案等与测试有关的资料。

2.5.2 测试方案的制订

测试人员应经过培训。测试负责人应由熟悉相关测试和监测标准并有测试经验的专业人员担任。测试过程中测试人员不宜变动。应根据有关规定,结合具体情况制订测试方案,并在测试前将测试方案提交被测单位。测试方案的内容应包括:

1)测试任务和要求。

2)测试项目。

3)测点布置与所需仪器。

4)人员组织与分工。

5)测试进度安排等。

全面检查被测系统的运行工况是否正常,如有不正常现象应排除。按测试方案中测点布置的要求配置和安装测试仪器。宜进行预备性测试,检查测试仪器是否正常工作,熟悉测试操作程序。

2.5.3 测试人员要求

节能监测工作是一项技术性很强的严肃执法活动,所以要求测试人员既要有一定的专业知识,还要懂得法律常识,同时还要具有较高的政治素质、较好的工作作风,才能适应工作需要。测试人员应经过培训并取得相应资质。测试负责人应由熟悉油田泵机组工作原理和工作特点并有测试经验的专业人员担任。测试过程中测试人员不宜变动。

测试人员在测试期间应遵守以下 HSE 要求:

1)进入测试现场前应接受被测单位的入厂(站)安全教育。

2)必须穿戴劳保服、安全帽,正确使用安全防护用品。

3)测试前应熟悉测试现场工作环境和条件,进行作业风险和危害识别,制订防范控制措施和应急预案,并确保测试人员熟知。

4)测试过程中应严格遵守本单位及被测单位 HSE 相关规定、测试方案中有关测试安全要求、仪器操作安全规程、被测系统与设备的运行管理制度。

2.5.4 测点布置及测试步骤

2.5.4.1 测点布置

1)电参数

将测试仪器按其相序对应接入配电箱电源输入端,正确选择测量方式、接线方式,正确设置电流量程和电压量程,同步测量电流、电压、功率因数、输入功率等参数。对于高压电动机拖动的泵机组,其测点宜选在计量仪表信号的输入端。

2)泵流量

应在介质管路上采用流量计测定,且安装环境符合仪表的使用要求。当使用超声波流量计测量时,传感器应安装在上游大于10 倍被测管线直径、下游大于 5 倍被测管线直径的直管段上,安装部位应无污、漆、锈,管内必须充满流体,不应包含有涡状流、泡流。

3)泵吸入和排出压力

测量点应在距泵进口法兰、出口节流阀连接法兰前后中心线0.5m 以内,且压力表引线内不应有死油(液)或空气。

4)介质温度

测点应布置在管道截面上介质温度比较均匀的位置。

5)介质密度

在泵管线取样处采取样品,每个样不得小于 300mL,每次须取三个样,然后在室内分析测定,取平均值。

图 2.11 和图 2.12 给出了未使用变频器和使用变频器的泵机组能耗测试布点图。其中,图 2.11 和图 2.12 中的电动机输出转矩、转速测试在现场难以实现,多用于实验室测试。

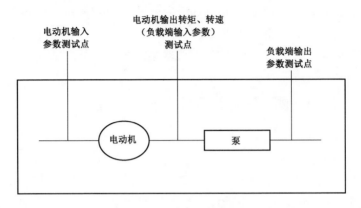

图 2.11 未使用变频器的泵机组能耗测试布点

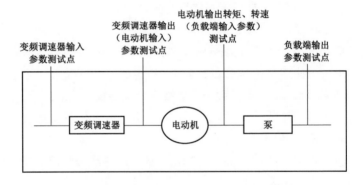

图 2.12 使用变频器的泵机组能耗测试布点

2.5.4.2 测试步骤

主要测试步骤如下：

1）检查测试仪器，应满足测试要求。测试后应对测试仪器的状况进行复核。

2）按测试方案中测点布置的要求配置和安装测试仪器。

3）全面检查被测系统运行工况是否正常，如有不正常现象应排除。

4）参加测试的人员应经过测试前的培训,熟悉测试内容与要求。测试过程中测试人员不宜变动。

5）宜进行预备性测试,全面检查测试仪器是否正常工作和熟悉测试操作程序及测试人员的相互配合程度。

6）正式测试时,各测试项目应同时进行。

7）测试过程中记录人按照测试要求,认真填写测试记录。测试完毕应由校核人校核并签名。

8）测试人员必须在每次测试后立即向测试负责人汇报该次测试情况。

9）测试结束后,检查所取数据是否完整、准确,对异常数据查明原因,以确定剔除或重新测试。

10）测试结束后,检查被测设备及测试仪器是否完好,并记录在原始记录中。将仪器、仪表擦拭干净、装箱。

为了满足现场管理要求,确保测试的安全性,保证现场信息录入的完整性和准确性,应注意以下事项:

1）监测人员进入现场后,应与被测单位管理部门负责人协调有关工作任务,明确各自责任和义务,双方负责人(各一名)遇到重要问题应协商解决。参加监测人员必须服从指挥,既有分工,又要相互配合,共同做好测试工作。

2）由被测单位负责设备的安全运行,保证工况稳定,其他事项按照操作规程进行。同时要安排一名熟悉泵电动机线路的电气专业人员,配合电动机参数的测试。

3）用电能综合测试仪测量时,电气专业人员负责将钳式感应器卡在电动机入口端,监测人员现场指导,不可卡错线路和方向。电动机现场监测至少应有两人,一人操作仪器,另一人负责安全监护。

4）其他监测人员到泵选定的测点位置进行准备测试,包括以下具体内容:

（1）核对记录和查询泵、电动机铭牌参数。

（2）检查了解泵运行状况,测量泵进、出口管道尺寸(外径或内径)D(mm)。

(3)用空盒气压表,测量、记录当地大气压,MPa;用温度计测量环境温度 T(℃)。

(4)要求用超声波流量计的场合,在选定的(进或出口)直管段上安装超声波流量计,并调试正常。

(5)用测厚仪测量管壁实际厚度,计算管道实际尺寸。

(6)在一切准备工作完成后,开始测试记录:进、出口压力:5～10min 记录一次;泵流量:5～10min 记录(瞬时流量和累计值)一次。监测时间为 30～60min,数据取算术平均值。

(7)用电能综合测试仪测试电动机输入功率、输出功率、负载率和效率。

2.5.5 压力测试

需要测量泵吸入、排出压力,应在进、出口安装压力表,并保证压力表示值准确。如果现场无条件在测试时加装压力表,则可读取现场已安装压力表的示数作为测试数据。

油田泵机组主要采用弹性式压力计进行液体介质的压力测试。压力表的安装地点应力求避免振动和高温影响。安装时,压力表的盘面应垂直放置,取压管口应与被测介质的流向垂直,与管道(设备)内壁平齐,以保证正确取压。测量较高温度介质(如掺水用水、热油)压力时,应加装环形管或其他凝液管,防止弹性元件长期与高温介质接触;测量腐蚀性介质(如含水原油)压力时,应有加装中性液体的隔离容器,并要求中性液体与介质不发生化学反应。

对泵机组的各个参数(电参数、流量、压力)的测试宜在同一时间内进行。当被测对象的主要运行参数波动在测试期间平均值的 ±10% 以内,则认为达到工况稳定,才可以开始正式测试。测试时,测试人员读取压力表的显示数据,根据具体情况确定读取的次数(可读取 3 次)和时间间隔,将多次读取的数据取算术平均值作为测试数据。测试完毕后,应卸下压力表,将现场恢复原样。

2.5.6　流量测试

2.5.6.1　差压式流量计

差压式流量计的节流装置主要有孔板、喷嘴和文丘里喷嘴等。使用此种流量计进行流量测量时,要求流体不可压缩、在物理学和热力学上是均匀的、单相的流体,流体要充满管道,且管道内的流量不随时间变化,或实际上只随时间有微小和缓慢的变化,差压式流量计不适用于脉动流量的测量,并且要求流体通过差压装置不发生相变。

差压装置应安装在两段有恒定横截面积的圆筒形直管段之间,在此中间不应有障碍物和分支管。用来计算节流件直径比的管道直径 D 值应为上游取压孔的上游 $0.5D$ 长度范围内的内径平均值。该内径平均值至少是在垂直轴线的三个横截面内所测得内径的平均值,而三个横截面分布在 $0.5D$ 长度范围内。在节流件上游至少 $10D$ 和下游至少 $4D$ 的长度范围内,管子的内表面应该清洁,没有凹坑,没有沉积物和结垢。对于设置排泄孔和放气孔的管道,在流量测量期间,液体不得通过排泄孔和放气孔,且排泄孔和放气孔最好不要放在节流件附近。节流件在管道中的安装方向,应保证使流体从节流件的上游端面流向节流件的下游端面,节流件应垂直于管道轴线,其允许偏差在 $\pm 1^\circ$ 之间。节流件应与上下游管道同轴。差压装置安装时所要求的最短直管段的要求应符合相关标准的要求。

2.5.6.2　涡轮流量计

涡轮流量计属速度型流量计,由涡轮流量传感器与前置放大器及显示仪表组成,测量精度高,复现性好,尤其适于测量流量较小的泵。

涡轮流量计传感器的位置尽量避开温度高、机械振动大、磁场干扰强、腐蚀性强的环境,选择易于维修的位置安装。传感器应水平安装,壳体上的流向标准方向与流体流动方向一致。传感器的上游侧一般应有不少于 20D 长度的直管段,下游侧应有不少于 5D 长度的直管段。传感器上下游直管段的内径与传感器的内径相差应在传感器内径的 ±3% 之内或不超过 5mm。在传感器上游 10D 内或下游 20D 长度内,管道内壁应清洁,无明显凹痕、积垢和起皮现象。当流体中含有杂质时,传感器上游应装有能除去液体中各种杂质的过滤器。传感器的各类附件安装时,其中心线都应对准管道中心线,连接处的密封垫不得突入流体内。传感器应采取不至于引起过分变形和振动的方式安装,以尽量减少管道的膨胀和压缩对传感器的影响。需要测量流体的温度时,应在传感器下游 5D 的长度外测量。传感器与显示仪表之间的连接传输应采用整根屏蔽线,并有外包覆塑料或耐油绝缘层。

2.5.6.3 电磁流量计

电磁流量计为速度式流量计,由传感器和转换器组成,具有传感器前后直管段较短、可在小的空间内测试,耐腐蚀性强和磨损小、阻力小等特点,应用范围较广。但仅限于用来测量导电的且非磁性流体。电磁流量计的准确度等级分为 0.3、0.5、0.8 和 1 级。

电磁流量计应安装在离任何上游扰动至少 5DN(5 倍管道公称通径)和离任何下游扰动 3DN 的直管段中。介质的流动方向应和流量计上所标的方向一致。流量计安装在垂直管道中介质流向由下向上为好,安装在水平管道中在管路的最低处为好。

2.5.6.4 超声波流量计

在油田生产中,泵机组主要输送较高压力的油品、油田水、油水混合物及油田注水用水。这些介质压力一般较高,且多数情况下油田生产不允许停机安装流量计等测试仪器,除了读取现场已安装的测试仪器外,更多采用超声波流量计测量流量。

采用超声波流量计,要求流体在物理上或热力学上是均匀的,单相的或者可认为是单相的,流体浊度小于 10000mg/L,流速范围为 0.3~6m/s,流体温度宜低于 150℃,环境相对湿度不大于 85%。

流量计测量管的上下游侧应设置一定长度的直管段,其长度应满足生产厂家要求的最短直管段长度;带测量管的流量计测量管中心线与直管段中心轴线偏离应小于3°;被测管道内壁应清洁、无明显凹坑、积垢和起皮,其内径的圆度误差应小于流量计误差限的1/5。

2.5.7　电参数测试

油田泵机组的电参数测试项目为电动机输入电流、电压、有功功率和功率因数。对于采用变频调速装置的泵机组,则要求采用能测试变频器输入、输出参数的仪器。

检查电参数测试仪器连接无误后,开始进行测试。要求同步测试或读取电参数、流量、压力及介质温度。

2.6　泵机组效率计算

2.6.1　泵效计算

按照 GB/T 16666—2012《泵类液体输送系统节能监测》的规定进行泵效率计算。

2.6.1.1　水力学方法

本方法应用机泵功率平衡原理,适用于具备流量和轴功率精确测试条件的场合。

主要测试参数为电动机输入功率或电流、电压和功率因数;泵吸入压力、排出压力、泵流量、泵进出口测压点到泵水平中心线的垂直距离、泵进出口法兰处管道内径。

1)方法1:测试电动机输入功率。

泵效率应按式(2.1)进行计算:

$$\eta = \frac{P_{out}}{P_{in}} \times 100\% \qquad (2.1)$$

式中　η——泵效率;

P_{in}——泵输入功率,kW;

P_{out}——泵输出功率,kW。

泵输出功率按式(2.2)和式(2.3)进行计算:

$$P_{out} = \frac{\rho g Q H}{3.6 \times 10^6} \quad\quad (2.2)$$

$$H = \frac{(p_2 - p_1) \times 10^6}{\rho g} + (z_2 - z_1) + \frac{v_2^2 - v_1^2}{2g} \quad\quad (2.3)$$

式中 ρ——液体的密度,kg/m³;

Q——泵的流量,m³/h;

H——泵扬程,m;

p_2——泵排出压力,MPa;

p_1——泵吸入压力,MPa;

z_2——泵出口测压点到泵水平中心线的垂直距离,m;

z_1——泵进口测压点到泵水平中心线的垂直距离,m;

v_2——泵出口法兰截面处液体平均流速,m/s;

v_1——泵进口法兰截面处液体平均流速,m/s。

泵进、出口法兰截面处液体平均流速应分别按式(2.4)和式(2.5)计算:

$$v_1 = \frac{Q}{900 \, \pi \, d_1^2} \quad\quad (2.4)$$

$$v_2 = \frac{Q}{900 \, \pi \, d_2^2} \quad\quad (2.5)$$

式中 d_1——泵进口法兰处管道内径,m;

d_2——泵出口法兰处管道内径,m。

泵输入功率应按式(2.6)计算:

$$P_{in} = P_m \cdot \eta_d \quad\quad (2.6)$$

式中 P_{in}——泵输入功率,数值上等于电动机的输出功率,kW;

P_m——电动机输入功率,kW;

η_d——电动机效率。

当电动机电源电压为低压时,电动机输入功率 P_m 一般采用两表(两台单相功率表)法测量,也可采用一台三相功率表或三台单相功率表测量。当电动机电源电压为高压时,电动机输入功率可利用电动机控制柜上的电度表配合秒表进行测量,并用式(2.7)进行计算。

$$P_m = K_{CT} \cdot K_{PT} \cdot \frac{n}{t \cdot \xi} \cdot 3600 \qquad (2.7)$$

式中　K_{CT}——电流互感器的变比;

K_{PT}——电压互感器的变比;

n——测量期内电度表铝盘所转的圈数,r;

t——电度表转 n 圈所用的时间,s;

ξ——电度表常数,r/(kW·h)。

电动机效率 η_d 可按以下两种方式之一获得:

(1)用被测电动机的特性曲线查取;

(2)电动机输出功率与输入功率之比,通常以百分数表示[式(2.8)、式(2.9)和式(2.10)]。

$$\eta_d = \frac{P_{mo}}{P_m} \times 100\% \qquad (2.8)$$

$$\beta = \frac{-P_N/2 + \sqrt{P_N^2/4 + (\Delta P_N - \Delta P_0)(P_m - \Delta P_0)}}{\Delta P_N - \Delta P_0} \qquad (2.9)$$

$$\Delta P_N = \left(\frac{1}{\eta_N} - 1\right)P_N \qquad (2.10)$$

式中　η_d——电动机效率;

P_{mo}——电动机输出功率,数值上等于泵输入功率,kW,

$P_{mo} = \beta P_N$;

P_m——电动机输入功率，kW；

P_N——电动机额定功率，kW；

β——电动机负载系数，根据 GB/T 12497《三相异步电动机经济运行》，按式（2.9）进行计算，计算时还需查出电动机额定效率 η_N、电动机空载有功损耗 P_0 两个常数；

ΔP_N——电动机额定负载时的有功损耗，kW，按式（2.10）计算；

ΔP_0——电动机的空载有功损耗，kW，约为电 ΔP_N 的 40% 左右；

η_N——电动机额定效率，P_N 与 η_N 的数值从电动机额定工况试验或从出厂资料获得。

2）方法 2：测试电流、电压和功率因数。

主要的计算公式见式（2.11）至式（2.14）：

$$I_0 = I_N \left(\sqrt{1 - \cos^2\varphi} - 0.2\cos\varphi \cdot \sqrt{1 - 100 \times s_N^2} \right) \quad (2.11)$$

$$\beta = \sqrt{\frac{I - I_0^2}{I_N^2 - I_0^2}} \cdot \frac{U}{U_N} \quad (2.12)$$

$$\eta_d = \frac{P_{mo}}{P_m} = \frac{\beta P_N}{\sqrt{3}UI\cos\varphi} \quad (2.13)$$

$$\eta = \frac{P_{out}}{P_{in}} = \frac{P_{out}}{P_m \eta_d} \quad (2.14)$$

式中　I_0——电动机的空载电流，A；

I_N——电动机的额定电流，A；

I——电动机的实际运行电流，A；

$\cos\varphi$——电动机的功率因数；

s_N——电动机额定转速下的转差率；

U——电动机的输入电压，kV。

2.6.1.2 热力学方法

所谓热力学方法,就是根据热力学定律,通过测量流体的热力学参数从而确定流体机械效率的方法。热力学法测泵效的示意图如图 2.13 所示。本方法适用于流量无法测试或精度不易控制,且泵扬程不低于 20m 的液体输送系统。

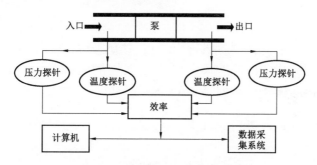

图 2.13　热力学法测泵效示意图

泵运行原理如图 2.14 所示。假想控制面 Ⅰ－Ⅰ 和 Ⅱ－Ⅱ 内的泵体抽象为一开口热力系统。泵效率的定义可用式(2.15)表示:

$$效率\ \eta = \frac{等熵流动流体吸收的能量(N_e)}{实际流动泵供给的能量(N) + 各种损失(E_m + E_x)}$$

$$(2.15)$$

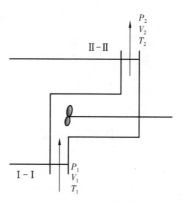

图 2.14　泵运行原理图

E_m 为流经泵体的流体与外界的热交换损失;E_x 为轴承及填料函处的摩擦损失。

分析泵内流体的流动过程可知有式(2.16):

$$m\left(h_2 + \frac{v_2^2}{2} + gz_2\right) = m\left(h_1 + \frac{v_1^2}{2} + gz_1\right) + P_{in} - (E_m + E_x)$$

$$(2.16)$$

其中,v_1,v_2 分别为泵的进、出口的平均速度,P_{in} 为泵的输入功率,z_1 和 z_2 分别为泵的进、出口处测压点到泵水平中心线的垂直距离。

实际流动泵供给的能量 ΔN 为式(2.17):

$$\Delta N = m\left[(h_2 - h_1) + \frac{1}{2}(v_2^2 - v_1^2) + g(z_2 - z_1)\right] \quad (2.17)$$

其中,$(h_2 - h_1)$ 为流体出入口的焓变。

等熵流动流体吸收的能量 N_e 为式(2.18):

$$N_e = m\left[(h_2 - h_1)_s + \frac{1}{2}(v_2^2 - v_1^2) + g(z_2 - z_1)\right] \quad (2.18)$$

其中,$(h_2 - h_1)_s$ 为等熵过程的焓变。

由式(2.17)及式(2.18),再结合定义式(2.15)可得式(2.19):

$$\eta = \frac{m\left[(h_2 - h_1)_s + \frac{1}{2}(v_2^2 - v_1^2) + g(z_2 - z_1)\right]}{m\left[(h_2 - h_1) + \frac{1}{2}(v_2^2 - v_1^2) + g(z_2 - z_1)\right] + (E_m + E_x)}$$

$$(2.19)$$

由焓的定义,$dH = Tds + vdP$ 可得,在等熵过程中,有式(2.20):

$$(h_2 - h_1)_s = \bar{v} \cdot (p_2 - p_1) \quad (2.20)$$

其中,$\bar{v}$ 为流体的平均比容,$\bar{v} = \frac{1}{\rho}$;p_2 和 p_1 分别为泵的吸入和

排出压力。

由焓的基本理论知式(2.21):

$$\mathrm{d}h = \left[\bar{v} - T\left(\frac{\partial v}{\partial T}\right)_{\mathrm{P}}\right]\mathrm{d}p + \overline{C}_{\mathrm{P}}\mathrm{d}T \qquad (2.21)$$

定义介质的热力学系数 $\bar{a} = \bar{v} - T\left(\dfrac{\partial v}{\partial T}\right)_{\mathrm{P}}$,可知式(2.22),

$$h = h_2 - h_1 = \bar{a}(p_2 - p_1) + \overline{C}_{\mathrm{P}}(T_2 - T_1) \qquad (2.22)$$

综上所述,泵效率应按式(2.23)计算:

$$\eta_{\mathrm{b}} = \frac{\bar{v}(p_2 - p_1) + \dfrac{1}{2}(v_2^2 - v_1^2) + g(z_2 - z_1)}{\bar{a}(p_2 - p_1) + \overline{C}_{\mathrm{P}}(T_2 - T_1) + \dfrac{1}{2}(v_2^2 - v_1^2) + g(z_2 - z_1) + E_{\mathrm{m}} + E_{\mathrm{x}}}$$

$$(2.23)$$

泵进、出流体的动能变化量远远小于压能差,其影响可忽略不计,即 $v_1 = v_2$。在实际测量中,通常使泵进、出口压力表的安装标高相同,即 $z_2 = z_1$。所以泵效率可简化为式(2.24)进行计算。另外,若泵体内介质温度与周围环境温度差值≤20℃时,热交换损失 E_{m} 可忽略不计,泵效率应按式(2.25)进行计算:

$$\eta_{\mathrm{b}} = \frac{\bar{v}(p_2 - p_1)}{\bar{a}(p_2 - p_1) + \overline{C}_{\mathrm{P}}\Delta T + E_{\mathrm{m}} + E_{\mathrm{x}}} \qquad (2.24)$$

$$\eta_{\mathrm{b}} = \frac{\bar{v}(p_2 - p_1)}{\bar{a}(p_2 - p_1) + \overline{C}_{\mathrm{P}}\Delta T + E_{\mathrm{x}}} \qquad (2.25)$$

式中　$\bar{v}$——液体比容,kg/m³;

　　　p_2——泵排出压力,Pa;

　　　p_1——泵吸入压力,Pa;

　　　$\bar{a}$——液体等温系数;

　　　$\overline{C}_{\mathrm{P}}$——液体平均定压比热,J/(kg·℃);

ΔT——泵进、出口温度差,℃;

E_m——流经泵体的流体与外界的热交换损失,J/kg;

E_x——轴承及填料函处的摩擦损失,J/kg。

E_m 的值可按式(2.26)近似计算。当环境温度高于泵内液体的平均温度时 E_m 取负值;当环境温度低于泵内液体的平均温度时 E_m 取正值。

$$E_m = \pm \frac{3600\overline{v}}{Q_e} \cdot WA(t_w - t_a) \qquad (2.26)$$

式中 W——热交换系数,根据经验可取 $W = 10,\mathrm{W}/(\mathrm{m}^2 \cdot ℃)$;

A——泵的热交换表面面积,m^2;

t_w——泵中液体的平均温度,℃;

t_a——环境温度,℃。

当精度要求不高时,E_x 可按轴功率的 1% ~ 3% 选取。小泵取大值,大泵取小值。当精度要求很高时,应对轴承和填料函摩擦损失的功率进行实验确定。方法是在不充水的情况下,测定泵空转时消耗的功率。其值应按式(2.27)至式(2.29)进行计算。

填料函处的摩擦损失功率按式(2.27)计算:

$$N_1 = \frac{n \pi r^2 s}{30} \cdot \frac{f_1}{f_2} \cdot p_0 (e^{2/2\frac{1}{2}\frac{1}{s}} - 1) \qquad (2.27)$$

式中 m——泵转数,min^{-1};

r——泵轴半径,m;

s——填料厚度($s = R - r$),m;

R——填料函半径,m;

f_1——动摩擦系数,根据材料不同一般取 0.02 ~ 0.1,可参考文献[15];

f_2——轴向力的摩擦系数,根据材料不同一般取 0.026 ~ 0.11,可参考文献[15];

p_0——泵体内的剩余压力,Pa;

l——填料函长度,m。

滚动轴承内的摩擦损失功率按式(2.28)计算:

$$N_2 = 2\pi\mu u^2 r \cdot \frac{l}{\delta} \qquad (2.28)$$

式中 μ——润滑油动力黏度,N·s/m^2;

u——轴颈的圆周速度,m/s;

r——轴颈半径,m;

l——轴颈长度,m;

δ——轴承内的径向间隙,m。

求出 N_1,N_2 后,按式(2.29)计算 E_x。

$$E_x = \frac{N_1 + N_2}{Q_e\rho} \qquad (2.29)$$

式中 Q_e——被测泵的额定流量,m^3/s;

ρ——泵中液体的密度,kg/m^3。

热力学方法的泵流量 Q(m^3/h)应按式(2.30)进行计算:

$$Q = \frac{3.6 \times 10^6 P_{in}\eta_b}{\rho gH} \qquad (2.30)$$

式中 H——用被测泵额定流量 Q_e 近似计算的泵扬程,m。

用被测泵额定流量 Q_e 近似计算的泵扬程(H)应按式(2.31)计算:

$$H' = \frac{(p_2 - p_1) \times 10^6}{\rho g} + (z_2 - z_1) + \frac{v_2'^2 - v_1'^2}{2g} \qquad (2.31)$$

式中 v_2'——用被测泵额定流量 Q_e 近似计算的泵出口法兰截面处液体平均流速,m/s;

v_1'——用被测泵额定流量 Q_e 近似计算的泵进口法兰截面处液体平均流速,m/s。

泵的输出功率按式(2.32)计算:

$$P_{\text{out}} = \frac{\rho g Q H'}{3.6 \times 10^6} \qquad (2.32)$$

2.6.2 机组效率计算

机组效率应按式(2.33)进行计算:

$$\eta_{\text{ov}} = \frac{P_{\text{out}}}{P_{\text{m}}} \times 100\% \qquad (2.33)$$

式中 P_{out}——泵输出功率,kW;

P_{m}——电动机输入功率,kW。

2.6.3 节流损失率计算

节流损失率按式(2.34)进行计算。

$$\varepsilon = \left(\frac{p_{\text{d}} - p_{\text{v}}}{p_{\text{d}}}\right) \times 100\% \qquad (2.34)$$

式中 p_{d}——泵出口节流阀阀前压力,MPa;

p_{v}——泵出口节流阀阀后压力,MPa。

2.6.4 误差分析

2.6.4.1 不确定度

以泵效的水力学方法为例说明测试结果的不确定度及相关理论计算方法。

将式(2.2)、式(2.3)、式(2.12)和式(2.13)带入式(2.14)并简化得到式(2.35):

$$\eta_{\text{b}} = B \frac{Q}{\sqrt{I^2 - I_0^2}\, U} \cdot \left[\frac{(p_2 - p_1) \times 10^6}{\rho g} + \frac{v_2^2 - v_1^2}{2g} \right]$$

$$B = \frac{\rho g \cdot \sqrt{I_{\text{N}}^2 - I_0^2} \cdot U_{\text{N}}}{3.6 \times 10^6 P_{\text{N}}} \qquad (2.35)$$

$$v = \frac{Q}{3600S}$$

此式即为泵效不确定度的数学分析模型,在设备和输送介质选定后,B 和 ρ 均为定值。可以看出,影响泵效率的不确定度的量有流量 Q、电流 I、电压 U、压力 p_2 和 p_1 等,其他因素忽略(认为环境温度不变,电动机电源稳定等)。另外,由于输入量中的 U 和 I 是由同一台仪器测得,所以两者之间存在相关性,必须计算 U 与 I 之间的相关系数 $r(U,I)$[式(2.36)和式(2.37)]:

$$r(U,I) = \frac{u(U,I)}{u(U)u(I)} = r(U,I) \qquad (2.36)$$

$$u(U,I) = \frac{1}{n(n-1)} \sum_{k-1}^{n} (I_k - \bar{I})(U_k - \bar{U}) \qquad (2.37)$$

式中　$u(U)$——U 的不确定度;

　　　$u(I)$——I 的不确定度;

　　　$u(U,I)$——U 与 I 的协方差。

从计算模型可知,泵效率不确定度分量为流量 Q、电流 I、电压 U、泵排出压力 p_2 和泵及入压力 p_1,可得泵效率的合成标准不确定度 $u_c(\eta_b)$ 为式(2.38):

$$u_c^2(\eta_b) = \left[\frac{\partial \eta_b}{\partial U}u(U)\right]^2 + \left[\frac{\partial \eta_b}{\partial I}u(I)\right]^2 + \left[\frac{\partial \eta_b}{\partial Q}u(Q)\right]^2 + \left[\frac{\partial \eta_b}{\partial p_2}u(p_2)\right]^2$$

$$+ \left[\frac{\partial \eta_b}{\partial p_1}u(p_1)\right]^2 + 2\frac{\partial \eta_b}{\partial U}\frac{\partial \eta_b}{\partial I} \times u(U)u(I)r(U,I) \qquad (2.38)$$

式中　$u(U)$——输入量 U 的不确定度;

　　　$u(I)$——输入量 I 的不确定度;

　　　$u(Q)$——输入量 Q 的不确定度;

　　　$u(p_2)$——输入量 p_2 的不确定度;

　　　$u(p_1)$——输入量 p_1 的不确定度;

$\dfrac{\partial \eta_b}{\partial U}$ ——输入量 U 的灵敏系数;

$\dfrac{\partial \eta_b}{\partial I}$ ——输入量 I 的灵敏系数;

$\dfrac{\partial \eta_b}{\partial Q}$ ——输入量 Q 的灵敏系数;

$\dfrac{\partial \eta_b}{\partial p_2}$ ——输入量 p_2 的灵敏系数;

$\dfrac{\partial \eta_b}{\partial p_1}$ ——输入量 p_1 的灵敏系数;

$r(U,I)$ ——输入量 U 和 I 的相关系数。

由式(2.35)对各分量分别求偏导数得到灵敏系数,有式(2.39)至式(2.43):

$$\frac{\partial \eta_b}{\partial U} = -\frac{\eta_b}{U} \tag{2.39}$$

$$\frac{\partial \eta_b}{\partial I} = -\frac{\eta_b \cdot I}{I^2 - I_0^2} \tag{2.40}$$

$$\frac{\partial \eta_b}{\partial Q} = \frac{B}{\sqrt{I^2 - I_0^2} \cdot U} \cdot \left[\frac{(p_2 - p_1) \times 10^6}{\rho g} + \frac{3(v_2^2 - v_1^2)}{2g} \right] \tag{2.41}$$

$$\frac{\partial \eta_b}{\partial p_2} = \frac{B \cdot Q}{\sqrt{I^2 - I_0^2} \cdot U} \cdot \left[\frac{10^6}{\rho g} + \frac{(v_2^2 - v_1^2)}{2g} \right] \tag{2.42}$$

$$\frac{\partial \eta_b}{\partial p_1} = \frac{B \cdot Q}{\sqrt{I^2 - I_0^2} \cdot U} \cdot \left[\frac{-10^6}{\rho g} + \frac{(v_2^2 - v_1^2)}{2g} \right] \tag{2.43}$$

测取各相关参数后,运用式(2.35)计算得到泵的效率。各分量的不确定度可通过 A 类(贝塞尔公式)、B 类(检定证书)评定求得。灵敏系数可由式(2.39)至式(2.43)计算得到,相关系数由式(2.36)得到,合成标准不确定度可由式(2.38)计算得到。

在物理量的实际测量中,由于测量仪器、方法以及外界条件等因素的限制,难免会存在误差。可根据误差理论,分析进出口温度计的安装误差、出口压力表和温差仪准确度对测试结果的影响。为了保证泵效率的测量结果数据准确可靠,必须减少进出口温度计的安装误差,以及减少出口压力表和温差仪的仪表误差。

2.6.4.2 热力学方法中进出口温度计安装误差的影响

1)当套管的插入深度为某一值时,泵效率的测量误差是由温度计的安装误差和出口压力表的仪表误差共同作用的结果。

2)当套管的插入深度较浅时,泵效率测量的误差主要由温度计的安装误差引起。

3)当套管的插入深度较深时,测量误差主要由压力表和温度计的仪表误差引起。因此,要使测试结果准确可靠,必须保证温度计套管的插入深度。在插入深度较深时,此时的安装误差最小,效率测量的误差主要受仪表的精度误差影响,此时若将仪表的精度误差控制到最小,那么测量的误差是最小的。

综上所述,要减少泵的测量误差,就必须保证套管的插入深度,同时保证仪表的精确度。

2.6.4.3 热力学方法流体参数对效率误差的影响

1)压力误差对效率的影响与所输送流体的温度和泵扬程的高低有关。在一定温度、压力下,效率误差还和效率本身的大小有关。

2)在一定温度误差下,压力越高,温度误差对效率的影响越小。

3)当温度误差和压力误差相近时,由温度误差引起的效率误差可达由压力误差引起的效率误差的7倍左右。保证温度测量精度是保证测量结果可靠性的主要因素。

综上,当进出口的温差和压差较大时,允许的温差误差和压差误差也较大,所以应选择出入口温差和压差都比较大的工况进行测试。同时,比较了温度误差和压力误差分别对效率误差的影响程度之后可知,温度误差对结果的影响更为显著,因此,需着力保证温度的测量精度。

2.6.5 热力学方法和水力学方法的比较与推荐

目前,在国内泵效测量领域,热力学法的应用还不广泛,泵站的性能测试主要依靠传统水力学方法来实现。下面几个实例中遇到的现象在多个泵站出现。这几个例子的结果客观上也能够部分反映出两种效率测量方法的主要特点和区别。

2.6.5.1 实例一

图 2.15 是两种方法流量随时间变化结果的对比图。在不同时间段内,分别针对同一个泵站的三台泵(泵 1、泵 2 和泵 3)同时用热力学和站内自带的流量计进行测量。其中,传统方法的流量计读数来自于 SCADA 记录。测试后对 SCADA 系统的准确性进行了细致的调查,确认了站内流量计的精度存在问题。通过对比结果,发现泵 1 的流量相对误差最大,达到了 22%,泵 2 的流量误差为 18%,泵 3 则高达 30%,从而确认了该流量计针对不同泵和工

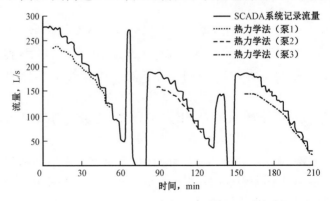

图 2.15 热力学法和传统方法的流量测量比较

况,都会产生持续的过流情况,流量越大,过流现象越严重,可能会产生极高或者根本不可能存在的水泵效率值。

图 2.16 测试的是另一泵站的两台泵(泵 4 和泵 5)的 9 个不同测量点的流量对比图。对于泵 4,两种方法的流量相对偏差总体在17%左右,泵 5 的流量偏差基本在 19%左右。该图和图 2.15 类似,测试结果发现,SCADA 的结果出现明显的低流量特征,且与热力学法反算的流量相比,相对偏差维持在一个比较固定的比值。

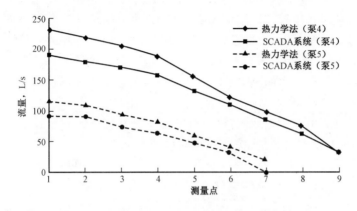

图 2.16　热力学法和流量计测试流量比较

图 2.15 和图 2.16 的结果反映了传统测量方法在实际泵站应用中存在的一个很大问题,即流量计需要定期检定和校准。如果在现场流动和使用条件偏离校准时的参比工作条件的情况下,没有重新进行合适的校准,其测量精度就如图 2.15 所示那样,发生了较大的流量偏移。虽然可以利用在线校准的方法来提高测量精度,但目前普遍存在大管径、大流量在线校准困难的问题。因此,流量计的操作性和可靠度都不如热力学法。而热力学法的温度探针,虽然理论上也需要在每次测量前进行校核,但通过大量泵站的测试结果表明,这只是一种预防性措施,温度探针的精度可以长时间保持在一个相当稳定的范围,即使拆卸和重新安装测量设备,改变了测试泵站,其可靠度几乎不会受到影响,因此推荐温度探针只

需要进行年度校核即可。此外温度探针的校核便利性也远远超过流量计的流量校核,因为温度校核的工作量无论是空间还是时间上难度都小于流量校核。

2.6.5.2　实例二

图 2.17 与图 2.15 类似,是在不同时间段内,针对同一个泵站的 2 台泵(泵 6 和泵 7),分别同时采用两种方法进行对比测量。在该例子中,SCADA 数据读数来自于电磁流量计,但是已经通过了严格的流量精度校核。结果表明,泵 7 的热力学结果与电磁流量计的读数非常接近:流量相对误差不超过 3%;但是泵 6 的偏差达到了 20%。测试后,专门对泵站进行了检查,发现电动机的功率测量出现了问题。本例说明了热力学法产生的误差主要影响到最后的流量计算结果,不影响已经直接测量得到的泵效率。例如,变频调速器或者电动机效率的错误估计,都不会直接影响到泵效率的测量值,但是它们会在计算流量的时候产生误差。

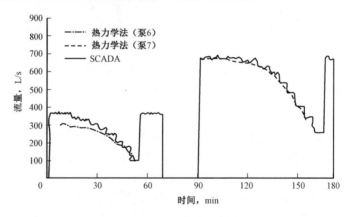

图 2.17　热力学法和电磁流量计流量测量比较

2.6.5.3　实例三

在这个实例中,SCADA 的数据来自于电磁流量计的读数。SCADA 结果和用热力学法测量的泵的性能与效率如图 2.18 所示。

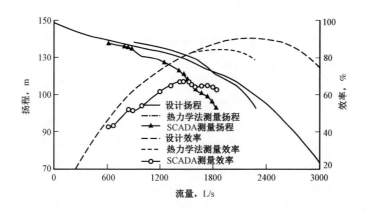

图 2.18　热力学法和电磁流量计的扬程效率测量比较

　　尽管电磁流量计已经在测试前经过了流量精度的校核,其测试结果表明其流量值还是显著低于预计值(基于制造商的原始数据),与热力学法的流量偏差最大达到了30%。电磁流量计的误差随着流量的增大越来越大,已超出可以接受的范围。事后检查没有发现导致如此巨大误差的明显原因,但考虑到该电磁流量计事前已经经过校准,而且在最初小流量工况的测试结果也非常准确,推测电磁流量计的抗干扰能力较差,在复杂流动情况下,其测量精度受到影响。

　　此外,该实例也反映了流量计测试结果的不稳定性。SCADA的直接流量读数是微幅波动的,甚至有时候会出现一些无规律走势,导致用传统方法测试的泵性能会出现不准确的结果,影响泵的特性和效率曲线。泵效误差会因此变得比流量误差还大,如图2.18所示,泵效率 $Q - \eta$ 不规则度甚至超过了 $Q - H$ 。据此分析,电动机和变频调速器的预测效率大小也会对泵效率的计算产生直接影响。对于传统方法,实际的泵效率与变频调速器的效率、电动机效率的计算或估算值有关。在低流量区域,传统方法效率误差达到了5%,而对于热力学法,效率几乎和设计值相同,而反算出来的流量误差最大不超过3%。

2.6.5.4　实例四

通过直接流量测量,很难得到精确和稳定可靠的流量值。图2.19显示了一个泵站实测流量值的 SCADA 记录,分别用泵站预装的流量计和便携式超声波流量计进行对比测量。此例子表明,即使经过校核,同一测点的不同流量计的平均流量结果也还是有些差别。在该泵站中,两种流量计的最大流量偏差为23%,平均流量偏差为12%。此实例说明了传统方法流量结果不稳定的缺点,需要多次重复测量,以确定其平均值,并使随机误差最小,该缺点对超声波流量计尤为明显。这也使得如果在变流量条件下使用传统方法,因为缺乏足够长的稳定时间,导致不稳定的流量测量结果。虽然热力学法也需要多次采样取平均值,但是通过测试表明,温度值非常稳定。稳态流量条件下,流体温度基本不会发生变化。

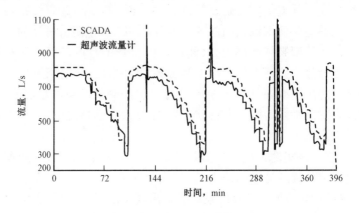

图2.19　两种流量计的测量流量对比

综上所述,与传统的水力学法相比,热力学法具有下述特点:

1)简便易行。仅需测量泵的进出口微温差和进出口压力差,待测参数少,且比较容易操作,这就避免了测量流量所遇到的困难。

2)对正常生产影响较小,便于现场操作。可在泵正常运转的条件下采用热力学法测试泵效率,不需要停泵,对生产的影响很小。

3)测量精度较高。测量参数少,容易操作,故容易达到较高的测试精度。

4)便于实现进一步的在线监测。采用热力学的方法,能对设备的运行情况进行定期测试或者实现在线监测,可以及时了解泵的性能变化,为检修和调节提供依据,操作人员可以依此把泵控制在高效率区。由此更进一步,可以实现泵工况的自动调节,使泵始终在高效区工作,这使得热力学方法具有旺盛的生命力和广泛的应用前景。

5)可实现效率测试自动化。可采用电子计算机为基础的设备进行数据采集和处理,实现自动测试泵的性能。

6)进行专业泵测试的仪器(包括硬件和软件部分)都已经商业化。温度探针的校核比流量计容易,其精度可以长期保持稳定。

7)不需要物理的流量计,通过式(2.30)等相关公式直接反推流量。

8)可以进行独立的流量测量,因此避免依赖于内置或便携流量计的低精度影响,而且热力学法的流量读数结果比传统流量计要稳定。

9)可以单独对每个水泵进行流量测量,尤其当其他泵在运行的时候,也可以对其中任何一个水泵进行测量。

热力学法的限制条件如下,需要在实际应用中加以注意。

1)显著依赖于温度探针的质量和灵敏度,探针的操作需要高稳定性,以及要求测量人员具备相关的专业知识与技能。

2)由于多种来水环境的共同作用,可能导致吸入侧温度读数不稳定,从而使得温度差的变化非常大,影响测量精度。

3)无论是因为水泵内部特性的水循环,抑或是管路短路,导致水流从出水侧到进口侧的再循环,都会影响精度。

4)阀门的空化,或者管道中的高流速(大于4m/s)造成的温度探针过度振动(产生热量导致测量的温度升高)。

综上所述,热力学法是直接测量效率,而传统方法是间接测量效率。至今,传统水力学方法依然是绝大多数工业领域首选的测试方法,有很多专业的泵测试标准来保证该方法测试结果的可靠性。所以,只要测试是按照标准规范进行的,其测试结果就能够得到认可。热力学法在绝大多数情况下,可以得到比传统方法更精确的泵效率值,其流量测量结果也与精确的流量计相当;此外,其对测试现场的要求没有传统方法苛刻,可以放宽泵来流的流量稳定和湍流条件,同时对并行运行的单一泵进行测量。所以无论是从理论可能性,还是实际应用角度而言,热力学法都应当是测量效率的优先选择。但是如果现场条件满足流量测量的精度,那么传统方法还是有一定的优势,因为这样就可以避免钻孔安装额外的温度探针。

3 泵机组节能评价方法

油田泵机组的节能评价是一个多指标评价问题,本章对多指标综合评价的理论方法包括主观法、客观法以及主客观结合法进行了研究和探讨,给出了现行油田泵机组的节能评价方法。

3.1 多指标节能评价主观法

评价泵机组节能效果可以有多个指标,因此泵机组的评价应该是多指标评价问题。多指标评价的主观法常用加权和法。应用该方法首先需确定评价指标体系,其次需要确定各指标的加权值或权重,最后对各指标值的得分进行加权求和,据此判断泵机组的节能运行状态的优劣。

3.1.1 评价指标体系

在实际工作中,可采用专家调查法确定评价指标体系。专家调查法即是向相关领域的专家发送函件,征求其意见。根据评价目标以及所评价的对象特征,在所涉及的调研表中列出一系列的评价指标,分别征询专家对所涉及的评价指标的意见,然后进行统计处理,并进行分析,反馈咨询结果。经过几轮的咨询后,如果专家的意见趋于集中,那么由最后一次咨询的结果确定出具体的评价指标体系。该方法是一种多专家多轮咨询法,具有以下三个特征:

3.1.1.1 匿名性

向专家们分别发送咨询表,参加评价的专家互不知晓,消除了相互间的影响。

3.1.1.2 轮间情况反馈

协调人对每一轮的结果做出统计,并将其作为反馈材料发给每个专家,供下一轮评价时参考。

3.1.1.3 结果的统计特性

采用统计方法对专家意见进行定量处理,具有统计特性。

此法可以适用于所有被评价对象,它有参与专家不受任何心理因素影响、可以充分发挥自己的主观能动性的优点,在大量广泛信息的基础上,集中专家们的集体智慧,最后可得到合理的评价指标体系。这种方法也有它的缺点,那就是所需要的时间较长,耗费的人力和物力较多。该方法的关键是找寻专家以及确定专家的人数。

3.1.2 权重的确定方法

对于多指标评价的加权和法,在缺乏加权经验的情况下,可以使用二项系数法确定权重。

已知 n 个评价指标,发给 m 个专家对各个指标的重要程度赋值,这些数值用以表明各个指标在评价中的重要程度。这些数值满足归一化要求,即每个专家对 n 个指标($L_1, L_2, \cdots, L_n$)的重要程度赋值之和为 1。

将 m 个专家对 n 个指标的赋值对应列成矩阵 A:

$$A = \begin{bmatrix} r_{11} & r_{12} & \cdots & r_{1j} & \cdots & r_{1n} \\ r_{21} & r_{22} & \cdots & r_{2j} & \cdots & r_{2n} \\ \vdots & \vdots & \vdots & \vdots & \vdots & \vdots \\ r_{i1} & r_{i2} & \cdots & r_{ij} & \cdots & r_{in} \\ \vdots & \vdots & \vdots & \vdots & \vdots & \vdots \\ r_{m1} & r_{m2} & \cdots & r_{mj} & \cdots & r_{mn} \end{bmatrix}$$

r_{ij}是第 i 个专家对第 j 个指标相对重要程度的赋值。

根据 m 个专家对 n 个指标的赋值情况,对 n 个指标重要性分析,定性地排出优先次序。排序采用两两比较的办法,整个排序过程使用的是复式循环比较法。例如,第 i 个专家给出评价指标权重的排序结果为:

$$r_{i1} < r_{i2} \quad r_{i2} > r_{i1} \quad \cdots \quad r_{in} > r_{i1}$$
$$r_{i1} < r_{i3} \quad r_{i2} < r_{i3} \quad \cdots \quad r_{in} > r_{i2}$$
$$\vdots \qquad\qquad \vdots \qquad\qquad \vdots \qquad\qquad \vdots$$
$$r_{i1} < r_{in} \quad r_{i2} < r_{in} \quad \cdots \quad r_{in} > r_{i(n-1)}$$

每对指标权重均比较了两次,每个专家给出的 n 个指标的权重总计需比较 $n(n-1)$ 次。

定义一个指示值,有式(3.1):

$$v_i(L_j) = p(L_j) - q(L_j) \qquad (3.1)$$
$$i = 1,2,\cdots,m; \qquad j = 1,2,\cdots,n$$

其中 $p(L_j)$ 为目标 L_j 的优先次数,$q(L_j)$ 为目标 L_j 被优先的次数,m 为专家数,等价情况不必予以统计。

令[式(3.2)]:

$$V(L_j) = \sum_{i=1}^{m} v_i(L_j) \qquad (3.2)$$

或[式(3.3)]:

$$\overline{V}(L_j) = \frac{1}{m}\sum_{i=1}^{m} v_i(L_j) \qquad (3.3)$$

这是指标 L_j 的总指示值或指示平均值。

根据 $V(L_i)$ 或 $\overline{V}(L_i)$ 值的大小可以排出各个评价指标的重要程度。每个指标的权重 ω_j 按式(3.4)计算:

$$\omega_j = \frac{\overline{V}(L_j)}{\sum\limits_{j=1}^{n} \overline{V}(L_j)} \hspace{3cm} (3.4)$$

3.1.3　多指标节能评价

多指标主观评价方法是在定量和定性分析的基础上,以打分等方式做出定量评价,其结果具有数理统计特性。具体步骤如下:

1)根据专家调查法确定评价指标体系。

2)根据大量的测试数据,应用统计学原理,确定每个指标的评价等级,每个等级的标准用分值表示。

3)根据每个指标的测试计算结果,确定其值所属的等级,进而得出测试计算结果所得的分值。

4)根据每个指标的权重,对各个指标分值进行加权求和,得到综合得分。

5)根据综合得分,判别泵机组的运行级别。

3.2　多指标节能评价客观法

油田泵机组多指标节能评价的客观法可采用熵值法。该方法是在确定了指标体系的情况下,根据指标之间的关系,通过数学理论和方法来确定各指标的权值,计算所测泵机组的综合指标,从而根据综合指标对所测试的全部泵机组进行排序,以确定泵机组节能情况的优劣。

熵值法是一种多指标评价的客观法。该方法是在综合考虑各因素提供信息量的基础上计算一个综合指标的数学方法。

在信息论中,信息的无序化可用熵值来表示,其值越小,系统无序度越小,信息量越大,权重也越大,反之也成立。这样计算权重就避免了人为干扰,更客观、更接近实际情况。

该方法的具体步骤为:

1)选取 n 个样本, m 个指标,则 x_{ij} 为第 i 个样本第 j 个指标的数值 $(i = 1,2,\cdots,n;j = 1,2,\cdots,m)$ 。

2)指标的归一化处理:异质指标同质化。

由于各项指标的计量单位并不统一,因此在计算综合指标前,先要对各项指标标准化处理,即把指标的绝对值转化为相对值,并令 $x_{ij} = |x_{ij}|$,从而解决各项不同质指标值的同质化问题。而且,由于正向指标和负向指标负值代表的含义不同(正向指标数值越高越好,负向指标数值越低越好),对于高低指标应采用不同的算法进行数据标准化处理。具体方法如下:

正向指标见式(3.5):

$$x_{ij} = \frac{x_{ij} - \min(x_{1j},x_{2j},\cdots,x_{nj})}{\max(x_{1j},x_{2j},\cdots,x_{nj}) - \min(x_{1j},x_{2j},\cdots,x_{nj})} \quad (3.5)$$

负向指标见式(3.6):

$$x_{ij} = \frac{\max(x_{1j},x_{2j},\cdots,x_{nj}) - x_{ij}}{\max(x_{1j},x_{2j},\cdots,x_{nj}) - \min(x_{1j},x_{2j},\cdots,x_{nj})} \quad (3.6)$$

则 x_{ij} 为第 i 个样本第 j 个指标的数值 $(i = 1,2,\cdots,n;j = 1,2,\cdots,m)$;

为了方便起见,归一化后的数据 x_{ij} 仍记为 x_{ij} 。

3)计算第 j 项指标下的第 i 个样本占该指标的比重[式(3.7)]。

$$p_{ij} = \frac{x_{ij}}{\sum_{i=1}^{n} x_{ij}},i = 1,2,\cdots n,j = 1,2,\cdots,m \quad (3.7)$$

4)计算第 j 项指标的熵值[式(3.8)]:

$$e_j = -k \sum_{i=1}^{n} p_{ij}\ln(p_{ij}) \quad (3.8)$$

其中, $e_j \geqslant 0$; $k = 1/\ln(n) > 0$

5)计算信息熵冗余度[式(3.9)]：

$$d_j = 1 - e_j \tag{3.9}$$

6)计算各项指标的权值[式(3.10)]：

$$w_j = \frac{d_j}{\sum_{j=1}^{m} d_j}, j = 1,2,\cdots,m \tag{3.10}$$

7)计算各样本的综合得分[式(3.11)]：

$$s_i = \sum_{j=1}^{m} w_j \cdot p_{ij}, i = 1,2,\cdots,n \tag{3.11}$$

根据综合得分，对测试样本进行排序，进而对泵机组的运行进行判断。

3.3 多指标节能评价综合法

多指标节能评价综合法是一种主客观结合的评价方法，灰色关联分析法即是一种常用的多指标评价综合法，其基本思想是通过确定各个指标与其最优值的接近程度，判断系统的运行状态和级别。可以运用此方法解决泵机组节能综合评价类问题。

3.3.1 数学模型

灰色关联分析法的基本思想是根据因素之间发展趋势的相似或相异程度，即"灰色关联度"，作为衡量因素间关联程度的一种方法。在泵机组能效评价中，根据所测泵的评价指标值与最优值关联度的大小，判断系统整体运行状况、能效水平高低。

泵机组灰色关联分析综合评价法的数学模型见式(3.12)：

$$R = WE \tag{3.12}$$

式中 $R = [r_1,r_2,\cdots,r_n]$ 为各个被测泵机组的综合评价结果向量，也可称为关联度向量。$W = [w_1,w_2,\cdots,w_n]$ 为 n 个评价指标的权重向量。其中，$\sum\limits_{i=1}^{n} w_i = 1$；$E$ 为各指标的评判矩阵。

$$E = \begin{bmatrix} \xi_{11} & \xi_{12} & \cdots & \xi_{1j} & \cdots & \xi_{1m} \\ \xi_{21} & \xi_{22} & \cdots & \xi_{2j} & \cdots & \xi_{2m} \\ \vdots & \vdots & \vdots & \vdots & \vdots & \vdots \\ \xi_{i1} & \xi_{i2} & \cdots & \xi_{ij} & \cdots & \xi_{im} \\ \vdots & \vdots & \vdots & \vdots & \vdots & \vdots \\ \xi_{n1} & \xi_{n2} & \cdots & \xi_{nj} & \cdots & \xi_{nm} \end{bmatrix}$$

ξ_{ij} 为第 j 台泵的第 i 个指标与其最优值的关联系数，该关联系数通过各个指标的测试数据和指标的最优值计算得到。

3.3.2　最优指标集

用灰色关联方法进行综合评价时，评价标准是各指标的最优值。在实际应用中，可对大量测试数据进行统计分析得到，或者根据相关标准确定，设 n 个评价指标的最优值为式(3.13)：

$$z = (z_1, z_2, \cdots, z_i, \cdots, z_n) \tag{3.13}$$

式中　z_i——第 i 个指标的最优值。

3.3.3　指标规范化处理

设某一项指标 x_i 的测试数据为式(3.14)：

$$x_i = (x_{i1}, x_{i2}, \cdots, x_{ij}, \cdots, x_{im}) i = 1,2,\cdots,n; j = 1,2,\cdots,m$$

$$\tag{3.14}$$

式中 x_{ij} 为第 j 台泵机组的第 i 个指标的测试数据，n 为评价指标数，m 为被测泵机组台数。

用最优指标集与 m 台泵机组的测试数据构造矩阵 D。

$$D = \begin{bmatrix} z_1 & x_{11} & x_{12} & \cdots & x_{1j} & \cdots & x_{1m} \\ z_2 & x_{21} & x_{22} & \cdots & x_{2j} & \cdots & x_{2m} \\ \vdots & \vdots & \vdots & \vdots & \vdots & \vdots & \vdots \\ z_i & x_{i1} & x_{i2} & \cdots & x_{ij} & \cdots & x_{im} \\ \vdots & \vdots & \vdots & \vdots & \vdots & \vdots & \vdots \\ z_n & x_{n1} & x_{n2} & \cdots & x_{nj} & \cdots & x_{nm} \end{bmatrix}$$

由于各个评价指标的含义和目的不同,因而指标值通常具有不同的量纲和数量级,为了进行比较,需对最优指标集和测试数据按式(3.15)和式(3.16)进行无量纲化处理。

$$u_i = \frac{z_i - \min(z_i, x_{ij})}{\max(z_i, x_{ij}) - \min(z_i, x_{ij})} \tag{3.15}$$

$$y_{ij} = \frac{x_{ij} - \min(z_i, x_{ij})}{\max(z_i, x_{ij}) - \min(z_i, x_{ij})} \tag{3.16}$$

3.3.4 灰色关联系数

根据灰色系统理论,将规范化的最优指标集和测试数据通过关联分析法求得第 j 台泵机组的第 i 个评价指标与其最优值的关联系数 ξ_{ij},具体按式(3.17)计算:

$$\xi_{ij} = \frac{\min\limits_{i} \min\limits_{j} |y_{ij} - u_i| + \rho \max\limits_{i} \max\limits_{j} |y_{ij} - u_i|}{|y_{ij} - u_i| + \rho \max\limits_{i} \max\limits_{j} |y_{ij} - u_i|} \tag{3.17}$$

式中 $\rho \in [0,1]$ 为分辨系数。$\min\limits_{i} \min\limits_{j} |y_{ij} - u_i|$ 和 $\max\limits_{i} \max\limits_{j} |y_{ij} - u_i|$ 分别为两级最小差和两级最大差。一般来讲,分辨系数 ρ 越大,分辨率越大;ρ 越小,分辨率越小。一般取 0.5。

3.3.5 指标权重向量

指标权重向量 W 可根据 3.2 给出的方法确定。

3.3.6 综合评价

根据式(3.14)计算得到各个被测泵机组的综合评价结果向量 R(关联度向量),根据各台泵综合评价值的大小来确定泵机组的运行状况。

3.4 多指标节能评价标准对照法

目前,主要按照 GB/T 31453—2015《油田生产系统节能监测规范》和 GB/T 16666—2012《泵类液体输送系统节能监测》的要求,用泵机组效率、系统效率和节流损失率等 3 个指标对油田泵机组进行节能评价。

3.4.1 泵机组节能评价指标

3.4.1.1 原油集输系统泵机组节能评价指标

1)输油泵。输油泵的监测项目与指标要求见表 3.1。

表 3.1 输油泵机组节能监测项目与指标要求

监测项目	评价指标	$Q \leqslant 25$	$25 < Q \leqslant 50$	$50 < Q \leqslant 80$	$80 < Q \leqslant 100$	$100 < Q \leqslant 150$	$150 < Q \leqslant 200$	$200 < Q \leqslant 250$	$250 < Q \leqslant 300$	$300 < Q \leqslant 400$	$400 < Q \leqslant 600$	$Q > 600$
机组效率(无调速)%	限定值	≥36	≥39	≥42	≥45	≥48	≥50	≥52	≥54	≥56	≥58	≥60
	节能评价值	≥41	≥44	≥47	≥50	≥53	≥55	≥57	≥59	≥61	≥63	≥65
机组效率(有调速)%	限定值	≥30	≥33	≥35	≥38	≥43	≥45	≥47	≥49	≥50	≥52	≥54
	节能评价值	≥34	≥37	≥39	≥42	≥48	≥50	≥51	≥53	≥55	≥57	≥59
节流损失率%	限定值	≤16				≤10						

注1:Q 为泵额定流量,单位为立方米每小时(m^3/h)。

注2:使用调速技术的输油泵机组仅评价机组效率,该机组效率为泵出口调节阀后输出功率与原动机输入功率的比值。

2）掺水泵。掺水泵的监测项目与指标要求见表3.2。

表 3.2　掺水泵机组监测项目与指标要求

监测项目	评价指标	$Q \leqslant 25$	$25 < Q \leqslant 50$	$50 < Q \leqslant 80$	$80 < Q \leqslant 100$	$100 < Q \leqslant 150$	$150 < Q \leqslant 200$	$200 < Q \leqslant 250$	$250 < Q \leqslant 300$	$300 < Q \leqslant 400$	$Q > 400$
机组效率（无调速）%	限定值	≥38	≥41	≥44	≥47	≥49	≥51	≥53	55	≥57	≥59
	节能评价值	≥43	≥46	≥49	≥52	≥56	≥56	≥58	≥60	≥62	≥64
机组效率（有调速）%	限定值	≥32	≥34	≥37	≥39	≥46	≥46	≥48	≥50	≥51	≥53
	节能评价值	≥36	≥39	≥41	≥44	≥50	≥50	≥52	≥54	≥56	≥58
节流损失率%	限定值	≤16				≤10					

注 1：Q 为泵额定流量，单位为立方米每小时（m^3/h）。

注 2：使用调速技术的输油泵机组仅评价机组效率，该机组效率为泵出口调节阀后输出功率与原动机输入功率的比值。

3）热洗泵。热洗泵的监测项目与指标要求见表3.3。

表 3.3　热洗泵机组监测项目与指标要求

监测项目	评价指标	$Q \leqslant 15$	$15 < Q \leqslant 20$	$20 < Q \leqslant 25$	$25 < Q \leqslant 30$	$30 < Q \leqslant 50$	$50 < Q \leqslant 65$	$65 < Q \leqslant 80$	$Q > 80$
机组效率（无调速）%	限定值	≥30	≥34	≥38	≥42	≥46	≥50	≥53	≥55
	节能评价值	≥35	≥39	≥43	≥47	≥51	≥55	≥58	≥60
机组效率（有调速）%	限定值	≥25	≥29	≥32	≥35	≥39	≥42	≥45	≥46
	节能评价值	≥29	≥33	≥36	≥39	≥43	≥46	≥49	≥50
节流损率%	限定值	≤16							

注 1：Q 为泵额定流量，单位为立方米每小时（m^3/h）。

注 2：使用调速技术的输油泵机组仅评价机组效率，该机组效率为泵出口调节阀后输出功率与原动机输入功率的比值。

3.4.1.2 注水系统泵机组节能评价指标

注水系统中泵机组的监测项目与指标要求见表 3.4。

表 3.4　注水系统泵机组监测项目与指标要求

监测项目		评价指标	$Q<100$	$100\leqslant Q$ <155	$155\leqslant Q$ <250	$250\leqslant Q$ <300	$300\leqslant Q$ <400	$Q\geqslant400$
机组效率,%	离心泵	限定值	≥53	≥58	≥66	≥68	≥71	≥72
		节能评价值	≥58	≥63	≥70	≥73	≥75	≥78
	往复泵	限定值	≥72					
		节能评价值	≥78					
系统效率,%	离心泵	限定值	≥35					
		节能评价值	≥40					
	往复泵	限定值	≥40					
		节能评价值	≥45					
节流损失率,%	离心泵	限定值	≤6					

注:Q 为泵额定流量,单位为立方米每小时(m^3/h)。

3.4.1.3 注聚合物系统泵机组节能评价指标

注聚合物系统中泵机组的监测项目与指标要求见表 3.5。

表 3.5　注聚合物系统泵机组监测项目与指标要求

监测项目	评价项目	评价指标
机组效率 %	限定值	≥72
	节能评价值	≥78
系统效率 %	限定值	≥38
	节能评价值	≥42

3.4.2　泵机组节能评价方法

根据 GB/T 31453—2015《油田生产系统节能监测规范》,现行油田泵机组节能监测评价方法如下：

1）监测单位应按设备或系统对应的指标要求进行合格与不合格以及节能状态与非节能状态的评价，并出具节能监测报告。监测单位在节能监测报告中应对监测对象的能耗状况进行分析评价，并提出改进建议。

2）监测单台设备时，全部监测项目同时达到限定值的可视为"节能监测合格设备"，在此基础上，被监测设备的效率指标达到节能评价值的可视为"节能监测节能运行设备"。

3）监测用能系统时，全部监测项目同时达到限定值的可视为"节能监测合格系统"，在此基础上，被监测系统的系统效率指标达到节能评价值的可视为"节能监测节能运行系统"。

现行的油田泵机组节能评价方法是一种多指标综合评价方法，但评价指标较少，且全部评价指标具有相同的权重，没有区分不同指标在评价中的重要程度，从一定意义上说，还存在着不足。多年来，油田节能技术和管理人员一直在探索更先进、更客观的泵机组多指标节能监测评价方法。

4 泵机组节能途径分析

油田常用泵机组的能耗在油气生产总能耗中占的比重很大，因此应根据泵机组能量损失分析的结果找出主要耗能环节，提出具体的节能方法和措施，以提高泵机组运行的效率，降低能耗。本章对三种油田常用泵、电动机以及传动机构的能损情况进行分析，指出影响泵机组效率的关键因素，给出泵机组节能的基本途径，最后对泵类节能产品节能效果测试进行了系统的阐述，为泵机组的节能提效提供了理论依据。

4.1 泵机组能量损失分析

在油气生产的各个工艺过程中，主要采用的泵为离心泵、往复泵和螺杆泵。本节对各种类型泵、电动机以及传动机构的能量损失进行分析。

4.1.1 离心泵能量损失分析

离心泵在油田生产中应用广泛，其主要能量损失包括水力损失、容积损失和机械损失等。

4.1.1.1 水力损失

1）吸入室内的水力损失 Δh_1 的计算见式（4.1）。

$$\Delta h_1 = k_1 \frac{v_0^2}{2g} \tag{4.1}$$

式中　v_0——泵进口流速，m/s；

　　　g——重力加速度，m/s^2。

2）叶轮内的水力损失。

（1）叶轮进口冲击损失 Δh_2 的计算见式（4.2）：

$$\Delta h_2 = k_2 \frac{W_1}{2g} \tag{4.2}$$

式中 W_1——叶轮进口相对速度，m/s。

（2）叶轮流道内的摩擦损失 Δh_3 的计算见式（4.3）：

$$\Delta h_3 = Zk_3\lambda \frac{l_a}{D_a} \cdot \frac{W_a^2}{2g} \tag{4.3}$$

$$W_a = 0.5(W_1 + W_2)$$

$$l_a = \frac{D_2 - D_1}{\sin\beta_2 + \sin\beta_1}$$

$$D_a = \frac{D_2 + D_1}{2}$$

式中 Z——叶片数；

λ——沿程阻力系数；

W_a——平均相对速度，m/s；

l_a——流道水力长度，m；

β_1, β_2——叶片进出口结构角，(°)；

D_a——流道平均直径，m；

D_1——流道内径，m；

D_2——流道外径，m；

W_2——叶轮出口相对速度，m/s。

（3）叶轮内的扩散损失或收缩损失 Δh_4 的计算见式（4.4）：

$$\Delta h_4 = k_4 \cdot \frac{|W_1^2 - W_2^2|}{2g} \tag{4.4}$$

（4）叶轮进口液流由于变向产生的水力损失 Δh_5 的计算见式（4.5）和式（4.6）：

$$\Delta h_5 = k_5 \cdot \frac{V^2}{2g} = k_5 \cdot \frac{8Q_s^2}{\pi^2 g D_e^4} \tag{4.5}$$

$$Q_s = \frac{\sigma}{1/(\eta_v u_2 D_2 b_2 \psi_2 \tan\beta_2) + 2/[u_2 D_2 \ln(1 + 2B/D_2)]}$$

$$(4.6)$$

式中　D_e——叶轮进口有效直径,m;

　　　V——叶轮进口无冲击损失时的速度,m/s;

　　　Q_s——无冲击损失时的流量,m³/s;

　　　η_v——容积效率的理论值;

　　　u_2——叶轮出口圆周速度,m/s;

　　　b_2——叶轮叶片出口宽度,m;

　　　σ——滑移系数;

　　　ψ_2——叶轮出口排挤系数;

　　　B——蜗壳喉部面积的平方根。

(5)叶轮出口水力损失 Δh_6 的计算见式(4.7):

$$\Delta h_6 = k_6 \frac{V_{m2}^2 + (V_{u2}^2 - V_s^2)}{2g} \qquad (4.7)$$

式中　V_{u2}——叶轮出口处液体速度圆周分量;

　　　V_s——蜗壳喉部平均速度,m/s。

3)蜗壳内的水力损失。

(1)蜗壳流道摩擦损失 Δh_7 的计算见式(4.8):

$$\Delta h_7 = k_7 \lambda \frac{lV_{th}}{2Dg} \qquad (4.8)$$

$$D = \sqrt{\frac{2F_3}{\pi}}$$

$$l = \pi(1 - \varphi_0/360)(D_3 + D)$$

式中　D——蜗壳等效圆管直径,m;

　　　F_3——蜗壳喉部面积,m²;

　　　l——蜗壳等效圆管长度,m;

V_{th}——蜗壳内的平均流速,m/s;

λ——蜗壳流道内沿程阻力系数;

D_3——蜗壳基圆直径,m;

φ_0——蜗壳隔舌角,(°);

δ——蜗壳表面粗糙度,μm。

(2)蜗壳内扩散损失 Δh_8 的计算见式(4.9):

$$\Delta h_8 = k_8 \cdot \frac{(V_{u2}^2 - V_{th}^2)}{2g} \tag{4.9}$$

以上各式中 $k_i(i=1,2,\cdots,8)$ 为各损失系数。

4)总的水力损失的计算见式(4.10)。

$$\sum \Delta h = \sum_{i=1}^{8} \Delta h_i \tag{4.10}$$

综上所述,水力损失可分为阻力损失和冲击损失两类。阻力损失是指液体在流道中沿程阻力损失和局部阻力损失之和。液体流动时,液体呈层流和紊流交叉状态。流道变化越大,紊流成分越大,液体与流道表面及其内部的摩擦越大,则能量损失越大。泵内流道表面粗糙度越差,流道表面与液体的摩擦越大;流道越细,内径不均匀,则液体与流道表面的接触越大,摩擦越大;液体黏度越大,液体与流道表面及其内部的摩擦越大。因此,泵内流道表面越光洁,流道形状越简单流畅,流道越宽,液体黏度越小,阻力损失越小。

冲击损失是指液体进入叶轮或导叶时,与叶片等发生冲击而引起的能量损失。它主要是由于液体进入叶轮或导叶的水力角与叶片的结构角不一致造成的。两者的差异越大,造成流体的冲击越大,冲击损失越大。

4.1.1.2 容积损失

容积损失主要是由于高压液体在泵内窜流和向泵外漏失引起的。一部分高压液体经叶轮与泵壳密封环之间的间隙窜向进口低压区,平衡室内的高压液体窜入平衡管流向进口低压区,还有一部分液体经轴与泵壳的轴封装置外漏,使实际流量降低,产生容积损失。而当各密封处(如衬套、口环、平衡盘、平衡套、轴套等)磨损量增大时,漏失量增加,导致容积损失增大。通常泵内窜流造成的容积损失较大,是主要损失,而轴封装置处的漏失量较小,一般可忽略不计。

4.1.1.3　机械损失

离心泵机械损失主要是轴承摩擦损失、轴封摩擦损失和叶轮圆盘摩擦损失,其中轴承摩擦损失和轴封摩擦损失因产品结构布局的限制,很难进行改进,并且在泵机械损失中所占比例较小,因此主要考虑最大限度地减小叶轮圆盘摩擦损失 Δh_{yf},以提高离心泵机械效率。

4.1.1.4　运行工况点对泵效的影响

离心泵在不同工况下运行的效率是不同的。一般效率 η 会随着流量 Q 的增加逐渐提高,达到最大值后,又随着流量 Q 的增加而逐渐降低。工程上将效率最高点称为最优工况点或额定工况点,与该点对应的流量、扬程和功率分别称为最优流量 Q_{opt}、最优扬程 H_{opt} 和最优效率 η_{opt}。为了扩大离心泵的使用范围,一般取最高效率以下7%范围内所对应的工况点为高效工作区。

4.1.2　往复泵能量损失分析

往复泵作为一种常见的流体机械,在石油矿场中有着广泛的应用,它常常用在高压下输送高黏度、大密度和高含砂量的液体。本节主要从水力损失、容积损失和机械损失三个方面分析往复泵能量损失的具体组成。

4.1.2.1　水力损失

液体在泵内流动时,消耗在沿程和局部(包括阀在内)阻力上的压头损失称为水力损失。

4.1.2.2 容积损失

1)容积效率。

往复泵的容积效率作为衡量泵工作腔容积利用率的标准,直接反应出往复泵性能的优劣,容积效率是泵实际输出流量与理论设计流量的比值,反应泵的流量损失状况。与泵的密封性能、结构参数等多种因素有关。可用式(4.11)表示:

$$\eta_v = \frac{Q}{Q_t} = 1 - \Delta\eta_v \qquad (4.11)$$

式中　　Q——泵的实际流量,m^3/s;

　　　　Q_t——泵的理论流量,m^3/s;

　　　　$\Delta\eta_v$——泵的容积损失率。

影响往复泵容积效率的因素有:液缸与活塞密封面的泄漏、吸排液阀阀口关闭不严造成的回流和泄漏;吸入阀和排出阀开启或关闭的滞后;所输送介质的压缩或膨胀;另外输送介质的黏度、泵的压力和泵速,也会不同程度地影响往复泵容积效率。其中,通过泵阀泄漏的液体量造成的容积损失,理论计算困难。通常认为密封面的制造质量高,密封性能好,阀的尺寸小,容积损失就越小。

在容积效率的确定方面,若是涉及容积效率的全部影响因素,实现起来非常复杂,况且,泵在工作过程中容积效率是动态变化的。因此,设计计算出的容积效率,通常与实际状况存在差异。在设计过程中,容积效率的确定方法是通过部分容积损失的经验公式,计算一个容积效率的范围,初选一个值。若是选取的值不合适,过大或过小,实际流量与设计值都将存在很大的出入。

2)容积损失。

$\Delta\eta_v$是泵工作腔内的容积损失率,主要表现在以下方面:被输送介质压缩或者膨胀引起的损失率 $\Delta\eta_{v1}$;由于泵阀的滞后现象引起的损失率 $\Delta\eta_{v2}$;由于液缸与活塞密封面的泄漏和阀芯关闭不严的泄漏造成的损失率 $\Delta\eta_{v3}$。

单个活塞工作腔的容积损失率的计算见式(4.12):

$$\Delta\eta_v = \Delta\eta_{v1} + \Delta\eta_{v2} + \Delta\eta_{v3} \qquad (4.12)$$

由于影响泵阀关闭不严和密封面泄漏的因素较多,这部分的损失率理论计算非常困难,这里不做考虑,主要对液体介质的压缩性和泵阀滞后现象引起的容积损失进行研究。

基于此,建立单个活塞工作腔容积损失的数学模型。

(1)液体压缩性或膨胀造成的容积损失。

多数情况下往复泵是在高压下工作,因此,液体的可压缩性就成为影响实际流量的一项重要因素。

在泵吸入行程时,工作腔内液体压力逐渐下降,液体膨胀使吸入的流量小于工作腔容积可能吸入的流量,造成部分流量损失;排出行程时,工作腔内压力急剧上升,液体被压缩,被压缩的液体体积就成了泵的流量损失。

——泵的实际流量:以往复泵和吸入管路组成的输送系统为研究对象,根据流量的连续性方程,通过吸入阀进入往复泵液缸中的液体流量 q_{valve} 等于流过管路的液量 q_{pipe},即有式(4.13):

$$q_{valve} = q_{pipe} \qquad (4.13)$$

因此可以通过计算流过管路的流量来确定流过吸入阀的实际流量,再通过计算泵液缸的理论瞬时流量,从而确定由于液体压缩性或膨胀造成的容积损失。图 4.1 为泵吸入管道的示意图。

如果用 L 表示吸入管的长度,则输送的液体在吸入管中流经 L 距离的流量 q_{pipe} 见式(4.14):

$$q_{pipe} = \frac{\pi \Delta p d^4}{128\mu L} \quad (4.14)$$

$$\Delta p = p_3 - p_2$$

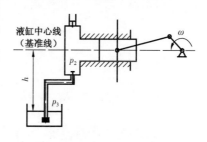

图 4.1 泵吸液结构示意图

式中　Δp——管道两端压差，Pa；

　　　d——管道内径，m；

　　　μ——动力黏度，Pa·s；

　　　p_3——吸入池液面压力，Pa；

　　　p_2——泵在吸入阀入口处的压力，Pa。

往复泵的吸入压力取决于吸液管道和输送介质的性能参数。往复泵在实际工作时的吸入压力见式(4.15)和式(4.16)：

$$p_2 = p_3 - \rho g\left(h + h_{\alpha 1} + h_{fl} + \frac{v_1^2}{2g}\right) \qquad (4.15)$$

$$h_{fl} = \lambda_1 \frac{l}{d} \cdot \frac{v_1^2}{2g} + \xi \frac{v_1^2}{2g} \qquad (4.16)$$

式中　ρ——液体密度，kg/m³；

　　　h——泵的安装高度，m；

　　　$h_{\alpha 1}$——介质的加速度水头，m；

　　　h_{fl}——摩擦水头，m；

　　　v_1——管内液体流速，m/s；

　　　λ_1——管内的沿程阻力系数；

　　　ξ——管道局部阻力系数的总和；

　　　g——重力加速度，m/s²。

由此可得式(4.17)：

$$q_{pipe} = \frac{\rho g \pi d^4}{128\mu L}\left(h + h_{\alpha 1} + h_{fl} + \frac{v_1^2}{2g}\right) \qquad (4.17)$$

则有式(4.18)：

$$q_{valve} = \frac{\rho g \pi d^4}{128\mu L}\left(h + h_{\alpha 1} + h_{fl} + \frac{v_1^2}{2g}\right) \qquad (4.18)$$

——泵的理论瞬时流量：不考虑任何容积损失的前提下，往复泵每个柱塞腔的瞬时吸入流量在数值上等于工作腔容积的变化

率,符号相反。设柱塞在 dt 时间内的位移为 dx,则工作腔的容积变化率见式(4.19):

$$\frac{dV}{dt} = -A\frac{dx}{dt} = -Au \tag{4.19}$$

泵单个液缸的瞬时流量见式(4.20):

$$q = -\frac{dV}{dt} = Au \tag{4.20}$$

式中　A——活塞面积,m^2;

　　　u——活塞速度,m/s。

u 按式(4.21)计算:

$$u = r\omega\left(\sin\varphi + \frac{\lambda}{2}\sin2\varphi\right) \tag{4.21}$$

则泵的理论瞬时流量见式(4.22):

$$q = Ar\omega\left(\sin\varphi + \frac{\lambda}{2}\sin2\varphi\right) \tag{4.22}$$

综上所述,由于所输送介质的压缩或膨胀造成的容积损失见式(4.23):

$$\Delta\eta_{v1} = 1 - \frac{q_{valve}}{q} = 1 - \frac{30\rho g d^4}{128\mu L}\cdot\frac{h + h_{\alpha1} + h_{f1} + \frac{v_1^2}{2g}}{Arn\left(\sin\varphi + \frac{\lambda}{2}\sin2\varphi\right)} \tag{4.23}$$

由此可见,液体压缩性引起的容积损失是与液体性能参数、管道特征及曲轴转速有关的函数。当泵的设计方案确定后,曲轴转速与曲柄转角是变化的量,因此可以确定不同转速下的容积损失。转速越高,这一容积损失就越大。这是因为在泵吸液过程中,液缸工作腔压力过低,使得液体体积有微量的膨胀;在泵排液初期,排出阀尚未开启的阶段,液缸工作腔内压力迅速升高,腔内液体受压力作用,被压缩,体积减小,排出阀开启后输出的液量就减小了,造成容积损失。由函数关系可见,曲轴转速越高,这部分容积损失越明显,更加重了系统容积效率的降低。

(2)泵阀滞后造成的容积损失。

当曲柄转角 $\varphi = 0$ 时,柱塞处于吸入行程开始的瞬间,吸入阀尚未打开,曲柄转动到达某一角度,$\varphi = \beta_1$,此时排出阀闭合,吸入阀打开,这时滞后的曲柄转角 β_1 即为吸入阀开启滞后角。

当 $\varphi = \pi$ 时,柱塞的运动处在吸入行程终止瞬间,阀芯保持在某一开启高度尚未关闭,曲柄转动到某一角度 $\varphi = \pi + \beta_2$,吸入阀阀芯才开始闭合,滞后的曲柄转角 β_2 即为吸液阀闭合的滞后角。排出阀滞后角也是相似的道理。吸入阀关闭滞后会导致液缸内液体回流造成容积损失;排出阀关闭滞后使得排出的液体回流造成容积损失;排出阀开启滞后,柱塞腔压力增高,液体压缩性造成容积损失。在曲柄转过滞后角的过程中,对应的活塞都有相应的位移,但为无效行程,致使往复泵活塞腔实际工作的容积利用率减小。下面以活塞的无效行程和设计行程确定泵阀滞后造成的容积损失。

由柱塞的运动规律可求出柱塞的无效行程见式(4.24):

$$x_0 = r\left[1 - \cos\varphi_0 + (1 - \sqrt{1 - \lambda^2\sin^2\varphi_0})/\lambda\right] \quad (4.24)$$

式中 x_0——柱塞的无效行程,m;

φ_0——阀运动滞后角,rad;

r——曲柄半径,m;

λ——曲柄和连杆长度的比值。

通过对泵阀的运动学进行分析可知,曲轴在旋转过程中,在泵阀滞后的短暂时间内转过的角度 φ_0 为[见式(4.25)]:

$$\tan\varphi_0 = \cfrac{A_0 n}{30 c_v d_0 \sin\alpha \sqrt{\cfrac{2}{\rho} \cdot \cfrac{G_f + F_0}{A_0}}} \quad (4.25)$$

式中 A_0——阀盘截面积,m^2;

$\quad\quad c_v$——流量系数;

$\quad\quad d_0$——阀盘直径,m;

$\quad\quad \alpha$——阀芯半锥角;

$\quad\quad \rho$——液体密度,kg/m^3;

$\quad\quad G_f$——阀芯自重,N;

$\quad\quad F_0$——弹簧力,N;

$\quad\quad n$——曲轴转速,r/min。

用往复泵泵阀滞后引起的无效行程,引起吸液和排液过程中的容积损失,有式(4.26):

$$\Delta\eta_{v2} = \frac{2X_0}{S} = 1 - \cos\varphi_0 + (1 - \sqrt{1 - \lambda^2\sin^2\varphi_0})/\lambda$$

(4.26)

即有式(4.27):

$$\Delta\eta_{v2} = 1 - \cos\arctan\frac{A_0 n}{30c_v d_0\sin\alpha\sqrt{\frac{2}{\rho}\cdot\frac{G_f + F_0}{A_0}}}$$

$$+ \frac{1}{\lambda}\left[1 - \sqrt{1 - \lambda^2\sin^2\arctan\frac{A_0 n}{30c_v d_0\sin\alpha\sqrt{\frac{2}{\rho}\cdot\frac{G_f + F_0}{A_0}}}}\right]$$

(4.27)

由式(4.27)可知,在泵的结构参数、流体性能参数确定的情况下,在一定范围内,随着曲轴转速的增大,反正切函数增大,余弦函数减小,正弦函数增大,造成的容积损失增大;当曲轴转速增大到相应的临界值时,反正切函数不再变化,造成的容积损失也就不再增大了。这是因为,当曲轴转速增加时,柱塞的往复运动频率增

加,往复泵吸液与排液的循环次数也就增加,该泵阀打开、关闭的
频率就会增加,开口减小,通流量下降;同时,滞后的时间会延长,
阀芯甚至不能及时开启或关闭,所以影响泵的吸液量和排液量,对
容积效率的影响会更加明显。

4.1.2.3 机械损失

往复泵的机械损失指泵在工作过程中由于各种机械摩擦而损
失的能量,包括克服泵内齿轮传动、轴承、活塞、盘根和十字头等机
械摩擦所消耗的能量。

泵输入功率 P_{in} 减去这部分损失后所剩下的功率,称为泵的转
化功率,即单位时间内由机械能转化为液体能量的那一部分功率,
以 P_i 表示[见式(4.28)]:

$$P_i = P_{in} - \Delta P_m \tag{4.28}$$

P_i 与 P_{in} 的比值称为机械效率,以 η_m 表示[见式(4.29)]:

$$\eta_m = \frac{P_i}{P_{in}} \tag{4.29}$$

4.1.3 螺杆泵能量损失分析

螺杆泵属容积式转子泵,一般情况下,容积式泵的容积效率随
输送介质黏度的增大而增大,在转速和排出压力不变的情况下,则
流量也略有增加。但随着输送介质黏度的增大,泵的耗功有所增
加,泵效降低。

螺杆泵的能量损失主要与泄漏间隙有关。螺杆泵工作过程中
的泄漏间隙主要有:

1)螺杆转子齿顶与泵缸筒壁之间形成的筒壁间隙 δ_1。

2)啮合区主动螺杆齿顶与从动螺杆齿根或者主动螺杆齿根与
从动螺杆齿顶所形成的径向间隙 δ_2。

3)啮合区螺杆齿面之间沿接触线均匀分布的法向间隙,将其
沿圆周投影到轴截面即为法向间隙 δ_3。其中,由螺杆啮合线及筒

壁所形成的泄漏三角形,由于其与法向间隙及筒壁间隙相连,且靠近啮合区,因此将泄漏三角形间隙合并到法向间隙。

螺杆间隙的波动性直接决定螺杆泵的性能及寿命,间隙过大导致泵的内泄漏量增加,容积效率降低;间隙过小则导致运转部件间的摩擦增加,使用寿命降低。因此,螺杆间隙的合理设计对于降低螺杆泵能量损失至关重要。

4.1.4 泵机组电动机能量损失分析

泵机组电动机能量损耗主要由四部分组成:电气损耗、基本铁耗 P_{Fe}、杂散损耗 P_s 和机械损耗 P_{fw},以下分别对这四种能量损耗进行分析。

4.1.4.1 电气损耗

电气损耗包括各部分绕组里的损耗。

定子绕组铜损耗 P_{cu1}(W):主要为满载时定子绕组在运行温度下的电阻损耗。普通电动机功率越小,定子绕组损耗占总损耗的比例越大。定子绕组损耗计算公式见式(4.30):

$$P_{cu1} = I_1^2 R_1 \qquad (4.30)$$

式中 I_1——定子绕组中的电流,A;

R_1——换算到基准工作温度定子绕组的电阻,Ω。

转子绕组损耗 P_{cu2}(W):主要为满载时转子在运行温度下转子电阻损耗。电动机功率越小,转子绕组损耗占总损耗的比例越大。转子绕组损耗计算公式为[见式(4.31)]:

$$P_{cu2} = I_2^2 R_2 \qquad (4.31)$$

式中 I_2——转子导体中的电流,A;

R_2——换算到基准工作温度转子导条的电阻,Ω。

4.1.4.2 基本铁耗

基本铁耗由交变主磁通在定子或转子铁心(分别计算)中产生

的磁滞损耗和涡流损耗组成。正常运转时,异步电动机转子的磁通变化频率很低,转子铁芯损耗可以忽略不计。

4.1.4.3 杂散损耗

杂散损耗主要由杂散铁损耗和杂散铜损耗组成。按工作状况可分为空载杂散损耗和负载杂散损耗。空载杂散损耗主要是杂散铁耗,是由定、转子开槽引起的气隙磁导谐波磁场在对方铁心表面产生的表面损耗和因开槽而使对方齿中磁通因电动机旋转而变化所产生的脉振损耗。负荷杂散损耗是由于定子或转子的工作电流所产生的漏磁场(包括谐波磁场)在定、转子绕组里和铁心及结构件里引起的各种损耗。杂散损耗的大小与设计和制造工艺有关,还与绕组形式、节距、槽型、槽数、槽配合、槽绝缘、气隙长度、绕组端部与端盖等构成距离、槽中导体高度、生产制造工艺的控制水平等因素有关。

4.1.4.4 机械损耗

机械损耗是由电动机运动部件的机械摩擦和空气阻力产生的损耗,该损耗与电动机的机械构造和转速有关。

4.1.5 泵机组传动机构能量损失分析

泵机组的传动方式目前有:联轴器传动、齿轮传动、皮带轮传动、驱动轴直接传动和液压传动。机械传动的损失一般较为固定,损失率一般不高于3%。

与其他类型的传动方式相比,液压传动在传递同等功率下体积小、重量轻且容易实现无级调速和过载保护。虽然液压技术在机械能与压力能的转换方面已取得很大进展,但传动效率低。在液压系统中,随着油液的流动,有相当多的液体能量损失掉,这种能量损失不仅体现在油液流动过程中的内摩擦损失上,还反映在系统的容积损失上,使系统能量利用率降低,传动效率无法提高。

高能耗和低效率又使油液发热增加,工作性能达不到理想的状况,在油田泵机组的传动上较少应用。

4.2 泵机组节能途径

在对油田用泵机组的能量损失机理进行分析的基础上,本节分别提出降低离心泵、往复泵和螺杆泵能量损失、提高泵机组效率的基本方法和途径。

4.2.1 离心泵节能基本途径

4.2.1.1 降低离心泵水力损失

一般通过减小叶轮外径和叶片数可同时减小叶轮流道摩擦损失以及叶轮流道扩散损失,从而提高水力效率。但由于叶片数还与扬程有关,减少叶片数,扬程将降低,对于给定扬程,为保持扬程不变,必须增大叶轮外径,因叶轮外径的增大,从而增加了叶轮圆盘摩擦损失,增大了机械损失。因此,对叶片数的选择要全面综合分析考虑。

另外,在设计时还要着重考虑压出室部分。由于液体在压出室的流速较高,水力损失较大,故往往因压出室设计不当而使泵的水力损失剧增。就对离心泵的性能影响来讲,叶轮的作用一般要比压出室大。但这种情况并不是一成不变的,如果一个设计良好的叶轮无合适的压出室与之配合,再好的叶轮也无法发挥其作用,严重时,甚至可使泵产生振动而无法工作。

要提高离心泵水力效率,还应注意以下问题:

1)液体在过流部件各部位的速度大小要合理,而且变化要平缓。

2)避免在流道内存在尖角、突然转弯、扩散以及死水区。

3)泵内各部分流道不宜过长,流道表面应尽量光洁,不允许有粘砂、飞边、毛刺等铸造缺陷存在。

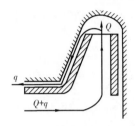

图 4.2 离心泵容积
损失示意图

4.2.1.2 降低离心泵容积损失

离心泵的容积损失主要是通过叶轮与泵体密封环之间的间隙所造成的流量泄漏损失。根据相关文献,离心泵容积损失示意图如图 4.2 所示:

流经叶轮与密封环间隙的流量泄漏 q 用公式可表达为式(4.32):

$$q = \frac{\pi D_{\mathrm{W}} b}{\sqrt{1 + 0.5\varphi + \dfrac{\lambda l}{2b}}} \sqrt{2g\Delta H_{\mathrm{W}}} \qquad (4.32)$$

式中　D_{W}——密封环间隙平均直径,m;

　　　b——密封环间隙的宽度,m;

　　　φ——密封环间隙圆角系数;

　　　λ——密封环间隙摩擦系数;

　　　l——密封环间隙长度,m;

　　　ΔH_{W}——密封环间隙两端压头差,m。

其中 λ,φ 是与离心泵密封环结构尺寸、形状有关的损失系数。而对于给定的泵设计参数,ΔH_{W} 一般约为 $0.8H$(H 为设计扬程),亦可认为是常数。因此,对给定的离心泵,要提高容积效率,降低泄漏量,可采取下列措施:

1)减少密封间隙的环形面积:从式(4.37)可看出,要使容积损失最小,就要减小密封环间隙环形过流面积,即在设计中选择尽可能小的密封环间隙平均直径和密封环间隙宽度,而密封环间隙平均直径与叶轮进口直径 D_0 有直接关系,因此在设计中要尽可能减小叶轮的进口直径 D_0。但另一方面,当 D_0 变化时,不仅对效率有影响,同时对泵抗汽蚀性能产生影响。D_0 减小时,汽蚀性能下降;在具体设计中应合理选择,才能兼顾取得高效和高抗汽蚀性能。另外,在叶轮入口直径一定的条件下,在制造条件许可的情况下及安全运行前提下,应尽量选取较小的密封环间隙宽度 b。

2)增加密封环间隙阻力:将密封环设计成迷宫形或锯齿形,即将整个密封间隙分成若干个小段,这样的密封结构增大了间隙入口和出口的阻力。迷宫形密封环还增加了密封间隙的长度,即增加了密封间隙的沿程阻力,因而能减少泄漏量。

4.2.1.3 降低离心泵机械损失

离心泵机械损失主要是轴承摩擦损失、轴封摩擦损失和叶轮圆盘摩擦损失 Δh_{yf},其中轴承摩擦损失和轴封摩擦损失因产品结构布局所限制,很难进行改进,且在泵机械损失中所占比例较小,因此主要考虑最大限度地减小叶轮圆盘摩擦损失,以提高离心泵机械效率。根据相关文献,计算叶轮圆盘摩擦损失有式(4.33):

$$\Delta h_{yf} = K_{yf}\omega^3 D_2^5/g \tag{4.33}$$

式中　　K_{yf}——圆盘摩擦损失修正系数;

ω——叶轮旋转角速度,rad^{-1};

D_2——叶轮外径,m;

g——重力加速度,m/s^2。

根据上式进行分析,可知叶轮圆盘摩擦损失的大小与转速的3次方成正比,与叶轮外径的5次方成正比。要减小叶轮圆盘摩擦损失,提高泵机械效率,可采取下列措施:

1)减小叶轮外径:根据上式,叶轮圆盘摩擦损失的大小与与叶轮外径的5次方成正比,在满足给定的扬程的条件下,最大限度减小叶轮外径,以减小损失,提高泵机械效率。根据泵的设计理论可知,当选取较大的叶片出口角和叶片出口宽度时,泵的扬程将会得到提高,从而可相应减小叶轮外径 D_2,进而减小叶轮圆盘摩擦损失,提高泵机械效率。

2)提高泵转速:根据上式,叶轮圆盘摩擦损失的大小与转速的三次方成正比,应减小泵转速,减小损失,提高泵机械效率,但实际上泵转速增加后,泵的扬程将会提高,针对给定的扬程,从而可相应地减小叶轮外径,而叶轮外径减小后,圆盘摩擦损失成 5 次方比例的下降。所以,对给定的扬程,应尽可能提高泵转速,从而可以减小叶轮外径以提高泵机械效率。

3)叶轮圆盘摩擦损失还与叶轮盖板、泵体内壁的表面粗糙度有关,降低表面粗糙度可以减少叶轮圆盘摩擦损失,从而提高泵机械效率。

4.2.1.4 其他降低离心泵能量损失的方法

除了上述在设计时考虑降低离心泵能量损失的方法外,在生产管理中还可考虑采用如下方法降低能损:

1)选用高性能的离心泵。

2)选用配套的优质配件,减少水力损失、容积损失和机械损失。

3)严格控制口环间隙、衬套间隙、工作窜量等装配间隙,在工艺许可的范围内尽可能小,以提高容积效率。

4)降低液体黏度,减少水力损失和机械损失。

5)采用涂镀等方法改善流道的粗糙度,减少水力损失和机械损失。

6)改进密封方式(如采用机械密封、螺旋密封替代填料密封),减少容积损失和机械损失。

7)对腐蚀性较强的污水采取脱氧、添加缓蚀剂等方法降低对流道的腐蚀。

8)加强部件防腐措施,防止因腐蚀而增大摩擦、磨损。

9)尽可能减少水路、油路的固体杂质,减少摩擦、磨损。

10)确保润滑油充足、品质良好。

11)选用新型材料,减少摩擦,提高部件抗磨能力。

12)依据离心泵特性曲线,调节泵在高效工作区内运行。工况调节的方法主要有改变泵的转速、切削叶轮、泵的串联和并联工作、转动可调进口导叶等。

13)确保泵的平稳运行,减少冲击,尤其要保证来液充足、畅通,有足够的进液压力,避免发生汽蚀。

14)加强设备的状态监测,动态掌握设备的运行状态,及时发现故障前兆,及时调整、维修,加强和改进机组的维护、保养,提高设备的运行质量。

4.2.2　往复泵节能基本途径

注水设备是油田注水系统的重要组成部分,往复泵凭借其较高的效率,目前已在各油田的注水系统中广泛采用。往复泵通过在吸入压力下圈闭固定体积的流体,然后将该流体压缩到出口压力的方式提高压力,直到出口阀门打开,流体流动,达到流体输送目的。对往复泵采取相应的措施以提高效率可实现对油田注水系统的节能降耗。另外,抽油泵也属于一种特殊形式的往复泵,动力从地面井抽油杆传递到井下,使往复泵的柱塞作上下往复运动,将油井中的液体沿油管举升到地面上,完成机械采油。

4.2.2.1　降低往复泵容积损失

1)调整往复泵的曲轴转速使其达到合适的范围,以防止转速过高所导致的容积损失。

2)对于高温液体,为防止气蚀,除特殊场合外,要求液体在120℃以下;当温度超过120℃时,一般需要将泵的转速降至额定转速的70%以下。

3)对于易挥发性液体,因蒸气压高,必须提高吸入侧容器标高和减小吸入阻力。如果是高温液体,应考虑冷却或降低泵的转速。

4)对于高黏度液体,因吸入阻力大,当吸入压头不足时,采用密闭吸液池,也可用惰性气体或用离心泵加压。

5)尽可能减小余隙容积,以避免留在余隙内的液体膨胀而影响容积效率。

6)液体中含有少量颗粒杂质时,会损坏填料和活塞,产生泄漏,还会损坏阀芯和阀座面,要求颗粒大小在100μm以内,密封填料要用合适介质冲洗。

7)为减小吸入阻力,吸入配管应尽可能粗、短、直。

4.2.2.2　降低往复泵机械损失

1）选用配套的优质配件。

2）降低液体黏度。

3）采用涂镀等方法改善流道的粗糙度,从而减少机械损失。

4）改进密封方式(如采用机械密封、螺旋密封替代填料密封),以减少机械损失。

5）加强部件防腐措施,防止因腐蚀而增大摩擦、磨损。

6）尽可能减少水路、油路的固体杂质,减少摩擦、磨损。

7）确保润滑油充足、品质良好。

4.2.3　螺杆泵节能基本途径

螺杆泵在油田地面工程的多相流混输中广泛采用,可采用调整介质黏度和调整螺杆间隙等方法提高螺杆泵在混输过程中的效率,从而提高油田集输系统的效率以降低生产成本。

螺杆泵的内泄漏和泵壳内表面的凹凸不平也是造成能量损失的一个原因。为此,要及时更换磨损过量的入口密封环,以减少内泄漏。打磨流道,做到流道导流面光滑,减少泵内水力损失。并且需及时清除泵内砂、石、铸铁残渣等堵塞物。

4.3　泵类系统节能产品节能效果测定

4.3.1　泵类系统节能产品的定义

根据 SY/T 6422—2016《石油企业用节能产品节能效果测定》,石油企业用节能产品是指符合有关的质量、安全和环境标准要求,在油气田和输油(气)管道耗能系统(设备)应用时与同类产品或完成相同功能的产品相比,能效或节能率指标达到相关规定,增加的投资具有合理回收期的产品(包括节能技术)。石油企业用节能产品主要有机械采油系统节能产品、泵类系统节能产品、供配电系统节能产品、锅炉和加热炉节能产品、输油(气)管道系统节能产品。其中,泵类系统节能产品包括高效泵、离心泵切削叶轮、泵涂膜技术、变频(调速)装置等产品和技术。

4.3.2 泵类系统节能产品测试

4.3.2.1 测试要求

对节能产品节能效果测试的基本要求如下:

1)节能效果的测试与计算,应在可比的使用条件下,对应用节能产品前后的能耗值进行测定,用节能率表示,并应符合 GB/T 6422《用能设备能量测试导则》的规定。

2)节能效果的测试应在标准测试装置上进行。对于无标准测试装置的节能产品,可选择生产现场进行测试。

3)对具有能效标准要求或运行条件有特殊要求的节能产品,宜进行相关测试。

对泵类系统节能产品节能效果测试的具体要求如下:

1)测试应在稳定的运行工况下进行;对于运行范围变化大的则要根据实际情况进行多工况测试,各工况点应一一对应,且测试条件相同。

2)对于未改变电动机转速的节能产品,可选择额定工况和实际工况点进行对比测试,测试期间流量的变化不应大于±5%。

3)对于改变电动机转速的节能产品,应满足生产工艺的要求,测试期间流量的变化不应大于±5%。

4)对泵节能改造前后的节能效果进行测试时,测试工况点应从泵运行的最小流量到最大流量对应均匀选取,一般不宜少于5个工况点,其节能效果按各工况点单耗的算术平均值进行计算。

5)泵类系统的测试应符合 GB/T 3216《回转动力泵 水力性能验收试验 1级、2级和3级》与 GB/T 16666《泵类液体输送系统节能监测》的规定。

4.3.2.2 测试方法

1)流量。

(1)称重法测量:称重法得出的只是在充注称量容器这段时间内流量的平均值,此法可以被认为是最精确的流量测量方法。这种方法受到如下一些误差的影响:称重误差、液体充注时间测量误差、考虑温度的流体密度确定误差等,可能还有与液体转向(静态法)或称重时的动态现象(动态法)有关的误差。

(2)容积法测量:容积法具有与称重法相近的精度,并且也类似地只是给出在注满标准容量这一段时间内的流量平均值。

贮液容器的校准可以采用逐次向容器注入一定体积的水后测量水位的方法来进行,倒入的水的体积可用称重或用标准量管确定。

容积法受到以下一些误差的影响:贮液容器校准误差、液位测量误差、液体充注时间测量误差以及与液流转向有关的误差。此外,还须检查容器的不漏水性,如有必要应进行泄漏修正。

然而,还有另一种可用于现场或大流量测量的变型容积法,即利用天然贮水池作为标准容积池,池的容积是用几何方法或测地法确定的。然而应强调指出,这种方法的测量精度要降低不少,这是由于测量既不稳定也不是处处均等的水位难度较大所致。

(3)差压装置测量:应该特别注意差压装置上游必需的最小直管段长度;GB/T 2624《用安装在圆形截面管道中的差压装置测量满管流体流量》规定了各种管路配置情况下的最小直管段长度。如果必须将差压装置设在泵的下游,可以认为泵引起的液流扰动相当于一个90°单弯头的扰动,并设想该弯头是在与泵蜗壳或多级泵的最后一级或泵的出口短管(管嘴)同一平面位置上。

还要注意每种型式差压装置的管路直径和雷诺数应在 GB/T 2624《用安装在圆形截面管道中的差压装置测量满管流体流量》规定的范围内。

应该保证流量测量装置不受例如可能发生在调节阀处的汽蚀或放气的影响。通常可旋开测量装置上放气阀来查明是否存在空气。应当通过与液柱压力计或静重压力计或其他校准标准装置相比较来检查差压测量装置。

(4)速度面积法测量:ISO 3966《封闭管道中流体流量的测量—采用皮托静压管的速度面积法》论述了利用流速计和静压皮

托管测量封闭管道中流量的方法,并给出了有关应用条件、仪表的选择和使用、局部流速的测量以及用速度分布的积分计算流量的所有必需技术规范。这些方法的复杂性使其用在 2 级试验上不合适,但在进行大流量泵 1 级试验时,往往是唯一可以应用的方法。

除下游有很长的管路设置以外,最好是将测量截面设在泵的上游,以避免过大的湍流和旋涡流。

(5)其他方法:其他一些流量测量仪器,诸如涡轮流量计、电磁流量计、超声波流量计、旋涡流量计或面积可变流量计,只要是用称重法和容积法等原始方法之一预先经过校准的,也可以使用。当这些流量计是永久地安装在试验设施上时,则应考虑定期检查其校准情况的可能性。

涡轮流量计和电磁流量计不需要很长的上游直管段长度(在大多数情况下 5 倍管子直径的长度即够)而且可获得很好的精度。超声波流量计对速度分布很敏感,应在实际使用条件下进行校准。可变面积流量计应仅限于 2 级试验上使用。

2)扬程。

(1)基本方法:扬程是单位重量的液体经过泵后能量的增加值,即泵传递给每单位重量液体的能量。扬程是间接测量值或计算值,即测试泵入口和出口截面相对于基准面的高度 z_1 和 z_2、泵的吸入和排出压力 p_1 和 p_2、泵吸入和排出口处平均速度 v_1 和 v_2,用式(4.34)计算:

$$H = z_2 - z_1 + \frac{p_2 - p_1}{\rho g} + \frac{v_2^2 - v_1^2}{2g} \tag{4.34}$$

(2)测量的不确定度:扬程测量的不确定度应通过对组成扬程的各个分量的估计不确定度的总和来求得,因此进行这一计算的方法要视使用的测量方法而定,这里只对有关的各种误差给出如下一般分析:

——与其他误差源相比,关于高度的误差通常可忽略不计。

——关于速度水头的误差,它一方面是由于流量测量和截面面积测量造成的误差所致,另一方面则是由于将 $v^2/2g$ 视为平均速度水头来计算只是一种近似方法所致,它随着速度分布越趋均匀而越精确。对于低扬程的泵,这些误差就相对值而言可能达到相当重要的程度。

——关于液位或压力测量的误差应按各种具体情况进行估算,它不仅要考虑使用的测量仪表器具的类型,还要考虑其使用条件(取压孔质量、连接管路的密封性等)以及液流特性(不稳定性、波动、压力分布等)。

3)压力。

如果在实验室内进行压力测试,在条件允许的情况下,根据不同的测试级别,可在测量截面上开相应的取压孔。

(1)取压孔:对 1 级试验,每一测量截面应设 4 个取静压孔,沿圆周方向对称布置,如图 4.3 所示:

对 2 级试验,每一测量截面通常仅设一个取静压孔即够,但当液流可能会受旋涡或非对称流影响时,也许需要两个或更多个取静压孔,如图 4.4 所示。

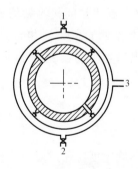

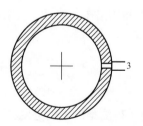

图 4.3 1 级:4 个取静压孔,
通过环形集管连通
1—放气;2—排液;
3—通至压力测量仪表的连接管

图 4.4 2 级:1 个取压孔
(或 2 个对置)

　　除了特定情况,即取压孔的位置是由回路的布置来确定的以外,一般取压孔不宜设在或接近于横截面的最高点或最低点。

　　取静压孔应遵照图 4.5 所示的要求制做,并且应是无毛刺和凹凸不平,垂直于管的内壁并与其齐平。

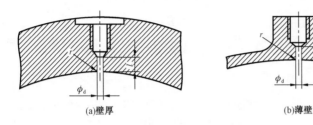

(a)壁厚　　　　　　　　　　　(b)薄壁

图 4.5　取静压孔要求

　　取压孔的直径应为 3~6mm 之间或等于管路直径的 1/10,取两者之小值。取压孔的深度应不小 2.5 倍取压孔直径。

　　设有取压孔的管子内孔应清洁光滑,并且耐泵输送液体的化学作用。敷在管子内壁上任何如油漆类涂层应完好无缺损。如果是纵向焊接管子,取压孔应尽可能避开焊缝。

　　当使用几个取压孔时,各个取压孔均应通过单独的截流旋塞与一环形汇集管相连通,这样,需要时即可以测量取自任一取压孔的压力。环形管的横截面积应不小于所有取压孔横截面积的总和。在进行观测之前,应在泵的正常试验条件下逐个测取各取压孔单独开启时的压力。如果某一读数与 4 个测量值的算术平均值之差超过总水头的 0.5% 或超过一倍测量截面处的速度水头,应在实际试验开始之前查明读数分散的原因并调整测量条件。当同样的取压孔用于 NPSH(必须汽蚀余量)测量时,该偏差不得超过 NPSH 值的 1% 或一倍入口速度水头。连接取压孔与可能有的缓冲装置以及仪表的连接管的孔径至少要与取压孔的孔径同大,整个系统应不存在泄漏。

　　在连接管线上的任何高点处均应设置一个放气阀,以避免测量过程中气泡聚留形成气阱。

建议如果可能,就使用半透明管以确定管内是否有空气。

(2)高度差的修正:考虑测量截面中间与压力测量仪表的基准面之间的高度差($z_M - z$)的压力读数 p_M 修正值应由式(4.35)确定:

$$p = p_M + \rho g(z_M - z) \tag{4.35}$$

式中 ρ——连接管中流体的密度,kg/m^3。

一定要保证并且表明在整个长度上连接管中充的是同一种流体。

4)转速或泵速。

转速或泵速可通过计一个测量时间间隔内的转数来测量,这可以用直接显示的转速表、直流测速电动机或交流测速电动机、光学或磁性计数器或频闪观测仪来实现。

在交流电动机驱动泵的情况下,转速也可以从栅频观测值和电动机转差率推导得出,转差率数据或由电动机制造厂家提供或直接测得(例如使用感应圈)。于是转速由式(4.36)给出:

$$n = \frac{2}{i}\left(f - \frac{j}{\Delta t}\right) \tag{4.36}$$

式中 i——电动机极对数;

f——测得栅频,Hz;

j——使用与栅极同步的频闪观测仪在时间间隔 Δt 内计得的映像数。

5)输入功率。

(1)总则:泵的输入功率应由转速和转矩的测量结果算出或由测量与泵直接连接的效率已知的电动机的输入电功率及电机效率来确定。

(2)转矩的测量:转矩应该用能符合要求的适当的测功仪或转矩计进行测量。

转矩和转速的测量应切合实际地做到适当同步。

(3)电功率的测量:如果是通过测量与泵直接连接的电动机的

输入电功率来确定泵输入功率,电动机应是只在其效率已经以足够精度获知的工况下运转。可以按照 IEC 60034—2《旋转电机(不包括牵引车辆用电机) 第2部分:旋转电机损耗和效率的试验方法》所推荐的方法确定电动机的效率,并由电动机生产厂家予以说明。

此效率不考虑电动机的电缆损失。

交流电动机的输入电功率应使用两表法或三表法进行测量。此时允许使用或是几个单相功率计、或是可同时测量两相或三相功率的一个功率计或积算的功率计。

在直流电动机的情况下,或是一个功率计或是一个电流表加一个电压表,均可以使用。

测量电功率用的指示式仪表的类型和精度等级应符合 IEC 60051《直接作用模拟指示电测量仪表及其附件》。

4.3.3 泵类系统节能产品节能效果计算

泵机组节能产品节能效果计算应按照 SY/T 6422—2016《石油企业用节能产品节能效果测定》的要求进行。

4.3.3.1 有功功率节能率

泵类系统节能产品的有功功率节能率按式(4.37)进行计算:

$$\zeta_{by} = \frac{W'_1 - W'_2}{W'_1} \times 100\% \tag{4.37}$$

式中 ζ_{by}——有功功率节能率,用百分数表示;

W'_1——应用节能产品前输送 $1m^3$ 液体的有功功率耗电量,$kW \cdot h/m^3$;

W'_2——应用节能产品后输送 $1m^3$ 液体的有功功率耗电量,$kW \cdot h/m^3$。

4.3.3.2 无功功率节能率

泵类系统节能产品的无功功率节能率按式(4.38)进行计算:

$$\zeta_{bw} = \frac{Q'_1 - Q'_2}{Q'_1} \times 100\%$$ (4.38)

式中 ζ_{bw}——无功功率节能率,用百分数表示;

Q'_1——应用节能产品前输送 $1m^3$ 液体的无功功率耗电量, $kvar \cdot h/m^3$;

Q'_2——应用节能产品后输送 $1m^3$ 液体的无功功率耗电量, $kvar \cdot h/m^3$。

4.3.3.3 综合节能率

泵类系统节能产品的的综合节能率按式(4.39)进行计算:

$$\zeta_b = \frac{W'_1 - W'_2 + K_q(Q'_1 - Q'_2)}{W'_1 + K_q Q'_1} \times 100\%$$ (4.39)

式中 ζ_b——综合节能率,用百分数表示。

K_q 取值应符合 GB/T 12497《三相异步电动机经济运行》的规定,宜取 0.03。

4.3.4 泵类节能产品节能效果评价

泵类节能产品应具有节能效果,可用节能率或能效指标进行评价。

离心泵节能产品的额定效率应达到 GB 19762《清水离心泵能效限定值及节能评价值》中节能评价值的要求,往复泵节能产品的额定效率应符合 JB/T 9087《油田用往复式油泵、注水泵》的规定。

泵类节能产品(节能技术)的节能率达到行业或企业的相关规定,即认定为节能产品(节能技术)。在没有节能率指标规定值的情况下,可以用泵机组效率进行评价,泵机组效率达到 GB/T 31453《油田生产系统节能监测规范》和 GB/T 16666《泵类液体输送系统节能监测》规定的机组效率节能评价值,即认定为节能产品。

节能产品应具有合理的增加投资回收期,用户增加投资回收期应小于同类产品的平均使用寿命。

5 泵机组节能提效技术

节能技术的发展进步,对于高耗能企业不仅意味着能源消耗大幅度降低,还将极大地提高企业的工艺技术水平、装备水平、管理水平,增强企业的核心竞争力,对企业的可持续发展具有重大深远的意义。泵是油田中广泛使用的设备,运用科学的节能提效技术对泵机组进行节能改造,对于石油企业节能降耗具有重要意义。泵的节能主要涉及泵的设计节能、技术节能和运行管理节能三个方面。本章将通过高效泵选型、节能改造技术、调速技术和优化运行四个方面介绍泵机组的节能提效技术。

5.1 高效泵选型

对于油田泵机组节能,提高泵的运行效率是降低泵机组能耗最基本的方法。使用高效泵是提高运行效率的前提条件,因此要掌握科学的选泵方法,使泵的运行符合实际需要并保证泵在高效区工作,达到降低能耗的目的。

5.1.1 高效泵

5.1.1.1 高效离心泵

1)DL 型低温多级泵。

DL 型低温多级泵适合输送多种轻烃产品,输送介质温度范围为 −105~150℃。该泵适用于有效汽蚀余量较小,装置空间位置有限的场合。

2)CQB 泵。

CQB 磁力驱动离心泵通常由电动机、磁力耦合器和耐腐蚀离心泵组成。利用磁力耦合器传递动力。当电动机带动磁力耦合器的外磁钢旋转时,磁力线穿过间隙和隔离套,作用于内磁钢上,使泵转子与电动机同步旋转,无机械接触传递扭矩。

CQB 磁力泵具有结构紧凑,体积小,噪声低,运行可靠等优点,且过流部件采用耐腐蚀性能较好的氟塑料制造,隔套采用特殊材料制造,强度高。

3)YD 型离心泵。

YD 型泵具有泵效高,无驼峰特性,运行平稳、通用性强、维修方便的特点,且高效区比较宽,在流量和压力变化较大的区域内仍有较高的泵效。

5.1.1.2 高效往复泵

1)WB 系列电动往复泵。

WB 系列电动往复泵又分为 WB1,WB2 往复泵和 WBR 高温往复泵两大系列。WB1,WB2 系列往复泵结构紧凑,设计合理,耐磨、耐腐蚀性较好,封闭可靠;最高输送介质温度为150℃。WBR 系列高温往复泵吸收了国外产品的优点,结构紧凑,设计先进,使用寿命长,维修方便;适用于温度介于 100 ~ 400℃之间的热水、导热油或其他物理、化学性能类似于油水的高温介质。

该系列泵效率高而且高效区宽;能达到很高压力,压力变化几乎不影响流量,因而能提供恒定的流量;具有自吸能力,可输送气液混合物,特殊设计的泵还能输送泥浆。

2)3DP 系列高压往复泵。

该系列泵安全可靠,可输送各种易燃、易爆、强腐蚀性、强刺激性等介质,具有流量均匀、脉冲小、压力平稳、体积小、操作维护简单等特点,尤其适用于工艺要求较高压力的情况。

5.1.1.3 高效螺杆泵

1)G 型单螺杆泵。

G 型系列单螺杆泵供输送黏度低于 $1000mm^2/s$,温度低于80℃的液体(特殊定子可达120℃)。还可输送含有颗粒的介质,介质最大颗粒直径为 19mm,最长纤维 130mm。可供输送污油、污水、钻探泥浆、化学浆液、油水混合液等。

2)GL 型单螺杆泵。

GL 型单螺杆泵供输送黏度低于 $0.1m^2/s$,含水率不低于 50%,酸、碱度 pH 值为 3 ~ 9,温度低于 90℃ 的液体。可输送气液混合物,也可输送含砂量较高的稠油。GL 型单螺杆泵为移植引进产品技术发展的系列产品,具有压力脉动小、液体输送平稳等特点。

3)GF 型单螺杆泵。

GF 型单螺杆泵可输送黏稠液体,悬浮物含量不超过 40%(按体积比),如为粉状微粒可达 70%,最大粒径不超过 6mm,最大纤维长度不超过 25mm,介质黏度低于 $0.2m^2/s$,温度低于 80℃(特种衬套可达 150℃)。

4)SP,SL,SN,SM,SZ,SF,SE,SD 型三螺杆泵。

该型泵是引进德国阿尔维勒公司制造技术生产的产品,共 8 个系列:SP,SL,SN,SM,SZ,SF,SE,SD 型三螺杆泵,现已批量生产。

该系列泵可输送不含固体颗粒、无腐蚀性的油类及类似油的润滑性液体。液体黏度为 $(0.03 ~ 7.6) \times 10^{-4}m^2/s$,高黏度液体可通过加热升温降黏后输送。该系列泵具有噪声低,振动小,输送介质连续无脉动,泵的流速低,吸上能力强的特点。

高效泵的研发涉及设计、选材和制造加工三个方面。在设计方面要选用先进的水力模型,采用 CAD,CFD,CAE 等先进的水力设计方法。在选材方面要合理,合理的选材可提高易损件的耐磨性,从而提高泵的可靠性和平均寿命。在制造加工方面要将 CAM 等先进的技术应用于水力模型模具的制作和零部件的加工中,会极大地提高水力尺寸的准确性和过流表面或流道表面的表面精度。

5.1.2 泵选型

5.1.2.1 泵选型方法

泵的选型包括泵的类型和型号的选择。泵的选型是否合理,直接影响到泵的能耗。如果选型合理,使泵运行工况点会保持在高效区,这对节约能源是有利的。如果选型不当,流量和扬程没有余量,将不能满足工艺要求,而余量过大,将造成运行效率低,从而浪费能源。

在选泵之前先要了解介质物性、操作条件、环境条件等基础数据。介质物性包括液体介质名称、物理性质、化学性质和其他性质。操作条件包括温度、进口侧设备压力、排出侧设备压力、最大流量、最小流量、正常流量等。环境条件包括泵所在场所的环境温度、海拔高度、泵进口侧以及排除侧容器液面与泵基准面的高差。

确定泵的流量和扬程。在选泵过程中流量、扬程是重要性能数据之一,直接关系到整个装置的生产能力和输送能力。泵的流量一般包括正常、最小、最大三种流量,在选泵过程中一般以最大流量为依据,同时兼顾正常流量。工艺设计中管路系统压降计算比较复杂,影响因素较多,所以泵的扬程需要留有适当的余量,可选择工艺设计计算扬程的 1.05 ~ 1.1 倍。

确定泵的类型及型号,根据介质的物性及已确定的流量扬程,确定泵的类型,再选择泵的型号。根据被输送液体性质,确定是清水泵、热水泵、输油泵、耐腐蚀泵或杂质泵等。根据装置的布置、地形条件、液位条件、运转条件,确定选择卧式、立式或其他型式的泵。在介质黏度不大、流量较大、扬程较低时,宜选用离心泵;介质黏度大、扬程高、流量允许脉动时,宜选用往复泵;介质黏度大、含气、含杂质量大,宜选用螺杆泵。

校核泵的性能。根据不同类型的泵按照相关的计算公式及图表进行换算,列出换算后的性能参数,如符合工艺要求,则所选泵可用,否则重新选泵。必要时,可绘制校核后的泵性能曲线及管路特性曲线,以确定泵的工作点。

5.1.2.2 应用实例

近年来,大港油田在提高注水系统效率、降低注水能耗等方面做了大量卓有成效的尝试,实施了多项调整改造技术和优化运行措施,取得了较为理想的节能降耗效果。在优选新型高效泵方面主要采取以下两种措施。

一是采用优选高效离心泵,淘汰低效离心泵的措施。一般离心泵的额定扬程都高于实际注水干线的回压,并通过节流阀门进行注水压力和水量的调节。如果泵选型不合理,实际流量与额定流量相差较大,泵就不能在高效区运行,造成实际运行泵效低,同时也加大了节流损失,增加了管网损失。因此,对于处于低效运行状态的注水泵采取优选新型高效离心泵替代老型号低效泵的调改技术。

二是采用优选高效往复泵替代低效离心泵的措施。通过对注水量较小、节流损失大、注水压力较高的低效运行离心泵站实施高效往复泵代替离心泵的技术改造,以提高泵效率及降低管网损失。该技术共在大港油田的 5 座低效运行的离心泵站实施,取得了良好的节能降耗效果。5 座注水站改造共投入 1993 万元,改造后注水单耗由原来的 $9.4\mathrm{kW \cdot h/m^3}$ 降低到 $5.3\mathrm{kW \cdot h/m^3}$,年节约电量 $1489 \times 10^4\mathrm{kW \cdot h}$,年节约电费 893 万元,投资回收期 26 个月。

5.2 节能改造技术

随着油田开发时间的增长,很多泵机组在运行过程中出现了泵排出压力过大,腐蚀、磨损严重,电动机老化等诸多问题,导致泵的能耗高、运行效率低。通过涂膜技术、三元流技术、泵控泵技术、电动机再制造等技术对泵机组进行节能改造,可有效降低泵机组能耗,提高泵机组效率。

5.2.1 泵涂膜技术

泵的涂膜技术是一种成熟的油田泵机组节能技术,适用于长时间运转、老化严重、泵效降低、能耗较大的泵。采用涂膜技术可有效解决由于机泵长时间运行导致的摩阻系数大,水力效率低等问题。

5.2.1.1 涂膜原理

涂膜前首先要对泵内主要过流部件进行除锈脱脂、表面处理、净化,然后喷涂底漆、干燥、烧结、喷面漆冷却,最后进行抛光处理。经过喷涂具有特殊性能的材料后,过流部件表面的光洁度和力学性能得到提高,减少了流动阻力,减缓腐蚀和结垢,延长机件的使用寿命,从而达到节能降耗的目的。

5.2.1.2 涂膜材料

高性能的涂层可以提高泵的节能效果。目前常用的泵涂膜材料有氟树脂和聚四氟乙烯。氟树脂涂料具有优良的耐高温、耐老化、耐腐蚀性、不黏性、摩擦系数小、不导电等特性,喷涂材料粘结力及附着力较强,机件表面光滑度较高。涂有氟树脂的泵机件表面比抛光后的不锈钢还要光滑近 20 倍,因这种涂层的不沾水特性,使水直接从表面滑过,减少了液体分界层和液体内部的涡流,进而减少功率消耗,增加流速,保证了泵的高效运行。聚四氟乙烯涂层采用一底两面结构,经干燥、烧结、冷却而成,具有不黏性、涂层表面光洁、摩擦系数小等特点。

5.2.1.3 技术特点

通过涂膜技术可增加泵部件表面光洁度,降低流体阻力,提高泵效;缓解涂膜部位结垢和腐蚀速度。此外涂膜技术能够适应高压、高速、长时间运行的油田运行环境,具有较理想的机械性能和抗腐蚀、汽蚀性能,能够延长泵机件的检修周期,延长机件使用寿命,可广泛应用于外输泵、掺水泵、热洗泵、老区注水泵的涂膜节能改造中。

泵涂膜的效果受到多种因素影响。要想利用涂膜技术达到节能目的,必须保证涂膜的质量。但现有的涂膜技术还不够成熟,涂膜要求既薄又均匀,涂膜厚度一般在 0.03 ~ 0.04mm,如果涂膜过厚,过流断面面积减少,造成一定的容积损失,降低了泵的流量。提高涂膜层的表面光洁度会改善涂膜的效果。

5.2.1.4 应用实例

油田注水系统注水水质分为普通含油污水和深度污水两种水质,含有大量的钙、镁离子,矿化度较高,经常造成泵结垢,增大了摩阻,降低排出压力、流量和效率,使设备能耗增高,设备寿命缩短,无法维持正常生产。

某注水站 1993 年投产运行,至 2009 年平均泵效为 79.7%,注水单耗为 5.5kW·h/m³,流量为 307m³/h。使用氟树脂对泵进行涂膜处理改造后,平均泵效为 81.5%,提高了 1.8%,注水单耗下降至 5.2kW·h/m³,流量上升至 380m³/h。经过改造后,各项运行参数正常,年可节约电量 80.4×10⁴kW·h,电费如按 0.6 元/kW·h 计算,可节约资金 48.2 万元,投资回收期为 4 个月,可见应用涂膜技术,节能效果显著且投资回收期短。

5.2.2 离心泵三元流节能改造技术

叶轮是离心泵的心脏,它决定了泵的扬程和效率的绝大部分。利用三元流技术对叶轮进行设计弥补了一元流理论设计的不足,使设计模型更贴近实际工况,提高了泵的使用效率,达到节能提效的目的。

5.2.2.1 三元流技术原理

三元流叶轮改造技术是依据三维叶轮设计理论、先进的流体动力学技术(CFD),利用先进的流体动力学分析软件,通过对泵内流体性能优化,提供最佳叶轮改造方案,实现系统改造投资最小化,获得最佳节能效果。

叶轮三元流动理论是把叶轮内部的三元立体空间无限地分割,在与叶轮同步旋转的空间坐标系中,空间内任一点坐标都可确定,某点的流速也可根据相应函数求得。通过对叶轮流道内各工作点的分析,建立起完整、真实的叶轮内流体流动的数学模型。应用三元流动理论对叶轮流道进行设计,将阻力损失、冲击损失、尾流等水力损失降低到最小,提高了叶轮的水力效率,增大了有效流通面积,提高了离心泵的工作效率。

5.2.2.2 技术特点

三元流技术可根据系统实际情况进行设计,达到"量体裁衣"的目的。经改造后的叶轮槽道宽,提高了抗汽蚀性能。同时减轻了泵的转子重量,降低了泵组的径向力,提高了轴承寿命。三元流叶轮安装、维护简单,不占用外部空间,充分利用原有投资,保留了电动机、泵壳体、进出管路等现有泵系统。改造工期短,效率高,回收周期短,对生产影响小。

三元流改造技术使用范围较小,只适用于工况稳定或变化不大的场合。三元叶轮的叶片型面形状复杂,薄壁易于变形,在加工上存在一定难度。

5.2.2.3 应用实例

胜利油田某循环水厂正常运行 3 ~ 4 台循环水泵,随着泵的长期运行,泵内部部件腐蚀、磨损严重,能耗高、效率低的问题日益突出。运用三元流技术对循环水泵叶轮进行了改造。

节能改造前循环水泵出口压力 0.45MPa,管汇压力 0.43MPa,总流量 6300m³/h,平均电流为 62.7A。经三元流技术对叶轮改造后,平均出口压力 0.45MPa,管汇压力 0.41MPa,总流量 9000m³/h,平均电流为 61.7A。更换叶轮后,循环水泵电流降低了 1A,管汇压力有所下降,年减少耗电量为 77377kW·h,并且流量由 6300m³/h 增至 9000m³/h,增加了 2700m³/h,相当于增开一台泵。一台循环水泵功率为 560kW,年耗电量 490 × 10⁴kW·h。按工业用电 0.6元/kW·h 计算,3 台循环水泵节省电费约为 4.6 万元,减少一台循环水泵年节省电费 294 万元,共节省电费 298.6 万元。而单台泵设计制造费用为 10 万元,对 8 台泵进行改造共需要 80 万元。投资回收期不到一年,同时叶轮加工制作时间较短。通过三元流技术改造,减少了泵运行台数,节能效果明显。

5.2.3 离心泵泵控泵技术

随着我国大部分油田进行开发的中后期,注水量逐年增大,注水能耗也随之大幅度增加,应用泵控泵(PCP)技术对注水系统进行改造,节能效果显著,对注水节能具有重要意义。

5.2.3.1 泵控泵技术原理

泵控泵系统由机械系统、电控系统和辅助系统组成。是基于离心泵串联和离心泵变频技术,对泵站原有多级离心注水泵减级,然后在高压注水泵进水端加装前置增压泵,即高压注水泵与前置增压泵串联。通过调节增压泵机组频率改变注水泵的压力和流量,从而控制整个注水系统的压力和流量,使高压多级离心泵在高效区工作,实现泵控泵控制。泵控泵系统输出压力和流量随管网特性的变化不是等梯度的,而是通过调节增压泵寻找系统平衡点,即系统工作点,这是泵控泵系统调节的关键所在。

5.2.3.2 调节方式

泵控泵系统可以形成定压闭环调节和定流闭环调节,其压力、流量调节系统如图5.1。当泵控泵系统中被控信号为泵站的输出流量或管网入口处的流量,可从泵控泵系统的流量计或注水管网的入口处取得流量信号,构成闭环流量自动调节系统。当泵控泵系统中被控信号为泵站出口压力,可从注水泵的出口处获得压力信号,构成闭环压力调节系统。

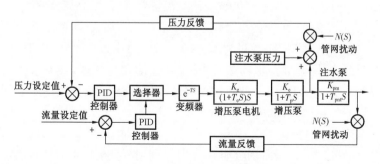

图 5.1　泵控泵压力、流量调节系统

5.2.3.3 技术特点

泵控泵技术通过调节增压泵压力和流量来控制大功率注水泵在高效区工作,使压力、流量实现了双向调节,满足了一定范围内压力和流量的变化,解决了泵管压差问题,提高了泵效,减少了单耗。调节过程中注水泵阀门可以完全打开不存在憋压现象,实现管线无水击,避免了节流能量损失,保证了生产运行安全。泵控泵技术使系统实现了远程自动控制,提高了注水站的自动化水平。

泵控泵技术不适用于小区块且所辖井数经常变动的注水站。调节范围较小,当生产所需的流量、压力波动超过调节范围时,泵控泵技术无法调节,还可能对安全平稳生产产生影响。现场操作及设备控制保护复杂,前置泵和注水泵需要进行启停连锁设置,小泵停,大泵必须停,操作相对常规流程比较复杂。

5.2.3.4 应用实例

中原油田某注水站安装有 3 台离心注水泵,存在注水泵泵效低、泵站综合效率低、注水单耗高、自动化程度低、注水泵参数调节不及时且范围有限、仪表等设备陈旧老化且系统保护不完善等问题,增加了注水系统的能耗。

未经改造前,注水泵泵管压差为 $1.9 \sim 2.5$ MPa;流量为 $400 m^3/h$;出口阀门开度为 $30\% \sim 60\%$;在满足流量要求时,泵憋压,运行效率较低,泵效为 62.6%;经过泵控泵技术节能改造后,注水泵泵管压差控制在 0.3 MPa 以内;流量为 $320 \sim 450 m^3/h$ 且压力可调节;出口阀门全开;在满足流量要求的条件下,泵可长期在高效区运行,泵效为 72.4%,泵效提高了 9.8%。该注水站经过泵控泵改造后,注水单耗下降 15%;日节电量达 5724 kW·h,年平均节电 194.6×10^4 kW·h。注水系统改造投入 140 万元,按年运行时间 $340d$ 计算,年平均节约电费 116.7 万元,投资回收期 14 个月。利用泵控泵技术对注水系统改造实现了大型离心注水泵站全过程自动化监控,泵机组运行平稳,减轻了劳动强度,提高了操作安全性,对降本增效、提高采收率起到重要作用。

5.2.4　离心泵泵体改造技术

5.2.4.1　更换叶轮

叶轮是泵的核心部件,直接影响泵的性能。由于叶轮的性能较差导致泵的整体效率低下,可以考虑将旧叶轮进行更换,以新型的高效叶轮代替性能较差的旧式叶轮,从而达到节能降耗的目的。另外由于投产初期资源量无法达到设计量或其他原因,出现泵特性曲线与管路特性曲线匹配不佳,导致能耗偏高时,可更换较小的叶轮也可实现节能降耗。更换叶轮具有操作方便、投资小、工作量小、见效快的特点。

5.2.4.2　变径改造

切削叶轮是泵改造技术中最简便、常用的方法。可解决在泵的实际使用过程中由于选型不当或工艺发生改变导致的泵扬程偏大,节流损失大,流量受限制等问题。

1)切削叶轮原理。

切削叶轮叶片外径将使泵的流量、扬程、功率降低,从而降低能耗。改变叶轮外径属于局部改造,但严格来说,不能用相似原理来计算改造后的参数。而实践证明,当改造后的叶轮尺寸变化小于原叶轮直径的20%时,切割前后出口过流断面面积及叶片出口角基本不变并且效率变化不大,可认为改造前后仍满足几何相似。

叶轮切割量的计算和修正方法主要包括罗西方法、斯捷潘诺夫方法、苏尔寿方法、博山水泵厂方法和国内惯用方法。国内通常采用下面的公式计算叶轮的切割量。

对于低比转数$(30 < n_s < 80)$的离心泵,有式(5.1)至式(5.3):

$$\frac{Q'}{Q} = \left(\frac{D'}{D}\right)^2 \tag{5.1}$$

$$\frac{H'}{H} = \left(\frac{D'}{D}\right)^2 \tag{5.2}$$

$$\frac{P'}{P} = \left(\frac{D'}{D}\right)^4 \qquad (5.3)$$

对于中($80 < n_s < 150$)、高比转数($150 < n_s < 300$)的离心泵,有式(5.4)至式(5.6):

$$\frac{Q'}{Q} = \frac{D'}{D} \qquad (5.4)$$

$$\frac{H'}{H} = \left(\frac{D'}{D}\right)^2 \qquad (5.5)$$

$$\frac{P'}{P} = \left(\frac{D'}{D}\right)^3 \qquad (5.6)$$

式中 D, D'——切削前、后叶轮外径,mm;

$\quad\quad Q, Q'$——切削前、后离心泵流量,m^3/h;

$\quad\quad H, H'$——切削前、后离心泵扬程,m;

$\quad\quad P, P'$——切削前、后离心泵输入功率,kW。

尽管采用上式来确定叶轮的切割量,但在实际切割时是留有一定余量的,余量的大小完全凭经验确定,没有更多的理论依据。因为叶轮被切割后,其叶片的出口三角形就会发生变化,原假设条件不再成立。

2)叶轮变径改造特点。

叶轮切割技术投资费用低,只需要叶轮切割的加工费用和叶轮安装工程费用。切割后的叶轮可以尽可能使泵的工况与管网工况接近,节能效果较好。设计改造周期短,可较迅速地完成产品的设计改造任务。

叶轮切割技术不适用于扬程有大幅度变化的场合。叶轮外径的切割量具有一定限度,切割量越大,偏离程度就越大,泵的效率就会急剧下降,甚至可能发生由效率下降而增加的能耗超过由扬程下降而节省的能耗。切割后的叶轮不满足相似条件,不能用相似理论来进行泵的性能换算。

3）注意事项。

切割的计算结果与泵的实际性能存在一定误差,很难精确确定流量和扬程性能。在改造过程中为使切割后的叶片尽可能满足实际,应采用少量多次的分步切割法,边切边试。每次切割启动后,对流量、扬程进行标定,与原数据进行对照,再计算下一次切割量,逐渐达到所需的外径尺寸,避免切掉过多,难于补救。

当叶轮切割量较小时,可以进行前后盖板全切割。当切削量较大时,应只切割叶轮叶片而保留叶轮盖板,否则,叶轮盖板切割后会使叶轮与泵壳间隙过大,泵效下降过多甚至无法工作。切割后要注意转子平衡情况,必要时要对转子校平衡。

叶轮切割后,叶轮要做动平衡、静平衡试验,防止叶轮切割后泵因不平衡造成泵的振动而损坏,也可根据具体情况,只做静平衡试验。

4）应用实例。

大庆油田某原稳装置在运行过程中发现原油外输泵的富余能头较大,泵出口压力远大于运行所需压力,出口节流较大,经过对比采用切削叶轮的方法,将扬程和流量调节至合理水平。保证了原油外输泵叶轮切削后实际运行中参数符合工艺要求,优化了离心泵的运行性能,达到了节能的目的。

切削叶轮前离心泵的叶轮直径为 340mm,运行电流为 410 ~ 430A,排出压力为 2.5MPa,额定流量为 315m³/h,平均运行功率 276kW。采用切削叶轮法对离心泵进行改造,经过切削计算并用流量验证后,最终确定切削后的叶轮直径为 310mm,比原来的叶轮直径少 30mm,切削率为 8.82%。切削后泵的运行电流为 320 ~ 340A,排出压力下降至 1.8 ~ 2.1MPa,额定流量下降至 254m³/h,平均运行功率 217kW。从上述数据可以看出,切削后的泵能够满足运行要求。叶轮切削前后的实际平均运行功率分别为 276kW 和 217kW,若按运行时间为 340d,电费为 0.6 元/度计算,年节电费约为 28.9 万元。

5.2.4.3　变角改造

变角调节在轴流泵调节中应用广泛,通过改变叶片安装角来改变泵的性能,与变速调节、变径调节等调节方式一样,可以在满足一定流量要求时,实现泵的最优运行。随着技术的发展,变角调节技术也在离心泵中得到应用。

变角调节主要指改变泵叶轮的结构,即改变叶片在叶轮中入口和出口的安放角,从而降低水力损失和容积损失。离心泵叶片的入口安放角指弯曲叶片的迎水面在入口处的切线和入口圆周切线的夹角。对泵叶片的入口安放角进行改变时,角度的改变需要控制在一定的范围内,保证流量在一定范围内泵效率基本不变。在实际过程中,流量 Q 变化时,水流冲角会发生改变,当偏离设计工况时,冲击损失增大,而变角调节能够使得冲角保持在很小的范围内不变,所以能在较大的流量范围内保持泵的高效运行。

变角调节不需要更换整台泵,只需要更换叶轮即可达到改变流量的目的,变角调节还具有投资小,流量调节范围大,不增加运行的安全隐患等优点,节能效果较好。

5.2.4.4　泵蜗壳优化

蜗壳是离心泵必不可少的固定元件之一,主要作用是把从叶轮中甩出的液体收集起来,使液体流速降低,将部分动能转变为压能。但针对离心泵的水力设计一般都注重叶轮的设计,忽略了蜗壳等定子部件的设计优化。

蜗壳对泵的性能有很大影响,因此合理的蜗壳设计对提高整个系统的稳定性和拓宽工作系统的运行范围起到重要作用。蜗壳截面形状、隔舌间隙、蜗壳喉部面积等对泵的性能都有一定程度的影响。

蜗壳截面形状有矩形、梨形、梯形、圆形等,适当的截面形状可以减小工质在传输过程中的流动损失。

隔舌与叶轮外径的间隙对泵的性能有很大影响。如果间隙太小，则在隔舌处会发生汽蚀，降低泵效并会产生噪声和振动；如果间隙过大，增大了泵壳的径向尺寸，在间隙处出现旋转的液流环，降低泵效。因此适当增大间隙，可使叶轮轴向液流的不均匀性减弱，降低泵的噪声和振动并有助于提高泵的效率。

在泵的最佳流量范围内的实际扬程主要取决于蜗壳中的水力损失，增大蜗壳喉部面积，流量增大时水力损失相对较小，使泵的最高效率点偏向大流量；减小蜗壳喉部面积，减小流量时水力损失较小，使泵的最高效率点偏向小流量。

5.2.4.5　泵减级

如果泵的扬程大于实际需求，多级泵可以通过减级来改变泵的特性曲线，减级后的扬程降低，流量增加，与没减级的泵比较能节约电能，且泵的减级是可恢复的，因此适用于压力变化的场合。

泵减级前后 $H - Q$ 曲线如图 5.2 所示。泵减级后 $H - Q$ 特性曲线降至 $H' - Q'$，减级前后管路没有发生变化，因而管路特性曲线不变动。因此泵工况点将由减级前的 M 点沿管路特性曲线向下移至减级后的 $H' - Q'$ 曲线上的 M′ 点，M′ 点对应的扬程为 H'。减级前由于泵的富余扬程较大，则 M 在低效区，而减级

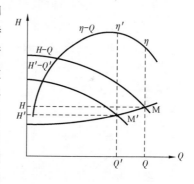

图 5.2　泵减级前后 $H - Q$ 曲线

后 M′ 接近额定点，效率有明显提高。减级运行后，泵的输入功率减少一级，电动机负荷相应减少，同时降低了泵出口阀门的节流损失。

叶轮的减级改造技术成熟可靠，施工方便，投资费用低，改造周期短，见效快，且泵效不变，系统效率会大幅提高。

5.2.5　电动机再制造技术

再制造作为先进制造领域一个较新的概念不仅解决了电动机与负载不匹配的问题,提高了系统运行效率,同时还解决了处理废旧电动机的难题,是废旧机电产品资源化的有效途径,对推广高效电动机以及电动机系统节能工作具有重要意义。

5.2.5.1　再制造工艺技术

电动机高效再制造与传统的翻新、维修有着显著的区别。目前电动机高效再制造主要采用保留原定转子铁心,为电动机更换新绕组,或加长定子铁心,配备新转子铁心同时调整电动机绕组参数的方法进行改造。电动机再制造核心技术包括以下四项:

1)拆解技术。电动机再制造采用专用机床切割绕组端部,无损、无污染。电动机拆解后的再制造零件主要包括定子、转子、轴、机座、端盖、风扇、接线盒等部分。

2)剩余寿命评估技术。剩余寿命评估主要针对电动机再制造的机械部件进行。首先对机械部件进行清洗,剔除明显不可修复的部件,再进行配合尺寸检测、标示、记录。其次利用超声波对轴等部件进行无损检测,有裂纹的部件一般不再使用。对机座、端盖采用振动时效处理,提高零部件使用寿命,保证再制造部件的机械部件寿命满足再制造电动机寿命要求。

3)绝缘技术。充分应用绝缘技术,可提高再制造电动机功率、降低损耗、提高效率。应用环氧酸酐型无溶剂浸渍树脂、水溶性半无机硅钢片漆、无溶剂多胶粉云母带等新型环保绝缘材料提高部件的电气、耐电晕与耐老化性能,从而提高电动机的运行寿命及运行的可靠性。

4)表面工程技术。表面工程技术满足特定的工程需求,使材料表面或零部件具有特殊的成分。将纳米电刷镀技术、纳米减磨自修复添加剂技术、热喷涂技术、激光表面强化技术等先进的表面工程技术应用于再制造,显著提高了零部件的质量。

5.2.5.2　技术特点

电动机再制造技术节能效果较好,成本低,无特殊尺寸安装问题。电动机高效再制造结合了负载设备系统功率匹配和能效提升,一般可以获得5%以上的节能潜力,是一种系统节能方法。与高效电动机相比,电动机再制造的成本降低了20%以上,甚至低于购买普通低效电动机。更换新电动机过程中,可能存在新旧电动机安装尺寸不同导致安装困难,而再制造由于保留了电动机原基座、轴承等,不存在相关问题。

电动机再制造设计受到多种因素限制。因不同生产厂家的旧电动机设计余量不同、铁心和槽型的尺寸不能调整,使得再制造电动机的设计必须针对每一台旧电动机进行。另外,低效电动机的铁心一般采用热轧硅钢片,铁耗较大,使得在降低绕组铜耗等方面必须采取更有效的技术和方法。

5.2.5.3　应用实例

某厂循环水泵系统由2套系统组成,每套泵系统由4台水泵组成,分别由2台132kW电动机和2台110kW电动机驱动。电动机使用20年以上且年运行时间预计至少4000h以上,应该淘汰或对电动机进行改进。

在改造前对泵系统的实际用电量进行测量,系统平均输入功率为144.4kW,平均电流为232.5A,平均功率因数0.92。确定高效电动机再制造方案后,在实验室对电动机再制造前后各种损耗及效率进行了测试。实验室测得结果为再制造前后效率增加1.4%,定子铜耗降低27.4%,转子铜耗降低2.4%,定子铁耗+机械损耗降低42.2%,附加损耗降低33.9%。经现场应用测试得到再制造前后主要数据,其中平均输入功率由144.4kW降低至134.4kW,平均电流由232.5A降低至217.3A,功率因数由0.92增加至0.93。以水泵电动机以每年运行4000h,电价按0.6元/

kW·h 计算,年节电费用为 2.4 万元,电动机再制造总投资 2.16 万元,投资回收期为 11 个月。

5.3 调速技术

调速技术是泵节能降耗的重要途径之一,主要分为两类:第一类是直接改变电动机的转速,如串级调速、变频调速、变极调速等。第二类是电动机转速不变,通过附加装置改变泵的转速,如液力耦合器调速、液黏调速离合器、永磁调速等。调速技术能够有效解决油田生产过程中出现的运行负荷波动较大、"大马拉小车"等问题。

5.3.1 变频调速

变频调速是油田泵机组节能最常用的技术之一,自应用以来取得了良好的节能效果。

5.3.1.1 调速原理

油田中泵类负载主要是由大功率的交流异步电动机或同步电动机驱动。在对电动机进行调速过程中,三相交流异步电动机的转速与同步转数 n_1、电源频率 f_1、转差率 S、磁极对数 p 间的关系为式(5.7):

$$n = n_1(1 - S) = \frac{60f_1}{p}(1 - S) \tag{5.7}$$

由式(5.7)可知,在极对数 p、转差率 S 不变的条件下,转速 n 与电源频率 f_1 成正比。因此,如果能改变 f_1,就可以改变转速 n。基于这个原理,变频调速可通过变频器改变电动机定子供电频率从而改变转速。若仅改变电源的频率则不能获得异步电动机的满意调速性能,因此,必须在调节的同时,对定子相电压 U 也进行调节,使 f 与 U 之间存在一定的比例关系。所以变频电源实际上是变频变压电源,而变频调速也被称作为变频变压调速。变频调速系统的示意图如图5.3。

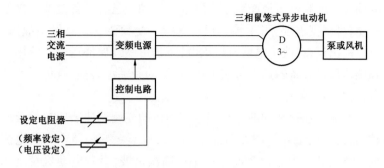

图 5.3 变频调速系统的示意图

5.3.1.2 变频调速控制方式

变频调速控制方式主要有恒转矩变频调速和恒功率变频调速两种方式。

1)恒转矩变频调速(恒磁通变频调速)。

当电源电压 U 一定时,磁通量 ϕ 将随着电源频率 f 的变化而变化,若 f 从额定值往下调节时,ϕ 就会增大。反之,若 f 从额定值上调时,ϕ 就会减小。ϕ 值的增大会使电动机带负载的能力减低,电动机过热;ϕ 值的减小会在一定的负载下有过电流的危险。为此通常要求磁通恒定,即 f 与 U 成正比关系。当有功电流为额定,ϕ 一定时,电动机的转矩也一定,故恒磁通变频调速也称作恒转矩变频调速。

2)恒功率变频调速。

当电动机在额定转速以上运行时,定子频率将大于额定频率。这时若仍采用恒磁通变频调速,则要求电动机的定子电压随之升高,但加到定子绕组的电压只能保持额定电压不变。因此,频率越高,磁通越低,电磁转矩也就越小。在这种情况下,转矩与转速的乘积,即功率近似保持不变,因此此种方式通常称为恒功率变频调速。

5.3.1.3 调速特点

变频调速适用于调速范围宽,且经常处于低负荷状态下运行的场合。变频器占地面积小、体积小,有利于已有设备改造。操作简便,可根据需要,可手控、自控、遥控。变频装置一旦发生故障,可以退出运行,改由电网直接供电,泵仍可继续保持运转。使用变频调速降低设备转速后可减少噪声、振动和轴承磨损,避免泵的抽空,延长设备使用寿命。

变频调速存在的缺点是高压电动机的变频调速装置初投资比较高,是应用于泵的调速节能中的主要障碍。变频器输出的电流或电压的波形为非正弦波而产生的高次谐波,会对电动机及电源产生种种不良影响,应采取措施加以清除。

5.3.1.4 应用实例

在油田生产中,变频调速装置已应用在油气集输、供水等系统中且变频系统运行状况良好,取得了较明显的节能效果。

某油库泵机组单泵运行时,转速为1480rpm,泵流量为650t/h,日耗电量为14395kW·h,输油单耗为0.923kW·h/t。经过变频调速后转速下降至1096rpm;泵流量为646t/h,日耗电量下降至7403kW·h,输油单耗为0.477kW·h/t,节电率为48.3%。该油库对不同泵的匹配运行进行了节电率计算,计算结果表明,一台工频、一台变频双泵运行时总节电率为21.2%,一台工频、两台变频三泵匹配并联运行时总节电率达28.8%。若按年运行时间为365d,6kV工业电价为0.6元/(kW·h)计算,油库在输油泵机组实施变频调速技术进行节能改造后,每年可节电约376×10^4kW·h,可产生直接节电效益为225万元,两台输油泵变频调速装置共投资240万元,投资回收期为20个月。

5.3.2 变极调速

5.3.2.1 调速原理

变极调速是通过改变定子绕组的接线方式来改变电动机极对数实现电动机转速的有级调节,其主电路主要由有触点开关器件组成,控制电路采用逻辑控制,结构简单。异步电动机在正常运行时,通常其转差率 S 很小,由式(5.7)可知,n 主要取决于同步转速 n_1,即在电源频率不变的情况下,改变电动机绕组的极对数 p,就可以改变同步转速 n_1,从而改变电动机的转速 n。因此通过变极不仅可以得到 2:1 调速,还可以得到 3:2 或 4:3 调速以及三速和四速电动机。

5.3.2.2 变极调速方法

双速三相异步电动机常用的变极调速方法有:定子三相绕组由单星形 Y 改接成双星形 YY,即 Y/YY;另一种是定子三相绕组由三角形 △ 改接成双星形 YY,即 △/YY。

1)Y/YY 变极调速。

定子三相绕组接成单"Y"时,由图 5.4 知,每相两个绕组中的电流均由同名端流进,同名端流出,极对数应为 2 倍($2p$)。定子三相绕组接成双"YY"时,每相两个绕组中电流为异名端流进,与接成单"Y"时比较,有一半绕组电流流向改变,极对数应为 1 倍($1p$)。因此当定子三相绕组由单"Y"改接成双"YY"时,极对数由 $2p→1p$,异步电动机转子转速由 $1n→2n$。绕组改接后,应将定子三相绕组任意两相的出线端对调后接电源,这样才能使改接后的电动机旋转方向不变。

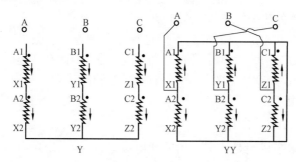

图5.4 异步电动机定子绕组接法示意图

2）△/YY 变极调速。

定子三相绕组接成"△"时,由图 5.5 知,A,B,C 三相绕组中每相绕组电流流向类同于单"Y"接法,即每相两个绕组中的电流均由同名端流进,同名端流出,极对数为 2 倍($2p$)。定子绕组由"△"改接成"YY"时,极对数为 1 倍($1p$)。因此定子绕组由"△"改接成"YY"时,极对数由 $2p \rightarrow 1p$,转子转速由 $1n \rightarrow 2n$。

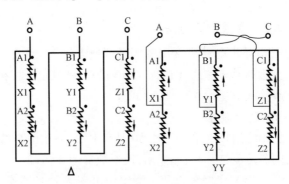

图 5.5　异步电动机定子绕组接法示意图

5.3.2.3　调速特点

变极调速可靠性高、调速效率高、故障率低,可避免高次谐波污染、调速控制设备简单,仅用转换开关或接触器。维护方便,除轴承外,不需要特别的维修。变极异步电动机噪声低、振动小,具有高性能的防护等级和绝缘等级。

变极调速是有极调速,不能进行连续调速。变极电动机在变速时电力必须瞬间中断,不能进行瞬态变换,因此在变速时电动机会有电流冲击现象发生。在设备改造过程中,需要更换电动机,初投资费用高。

5.3.2.4　应用实例

注水泵机组是油田常用的耗电设备,注水系统用电量占油田生产总用电量的 30% 左右,也是油田系统的耗能大户。将变极调速方法应用到注水泵机组中,取得了较好的节能效果和经济效益。

　　某油田注水站内有 3 套高压三柱塞注水泵,每台注水泵理论流量为 17.3m³/h,实际流量为 12.5m³/h,通常情况下运 2 备 1。所用注水电动机功率为 110kW,电动机额定转速为 1480rpm。开 1 台时流量不够,开 2 台时压力过高,为 25MPa,要求注水压力为 19 ~ 21MPa。电动机改造前开 2 台泵,泵站出口流量为 600m³/d,打回流 150m³/d,泵站每月用电量为 14.4×10⁴kW·h。经过变极调速技术节能改造后,投入 1 台 4 极(110kW)电动机,再投入 1 台 8 极(55kW)的电动机。泵站出口流量为 450m³/d,不需要打回流。泵站每月用电量 11.2×10⁴kW·h,节电量 3.17×10⁴kW·h,节电22%。如果电价按 0.6 元/kW·h 计算,每月节约资金 1.9 万元,投资回收期为三个月。

5.3.3　串级调速

5.3.3.1　调速原理

　　绕线转子电动机的串级调速指在转子回路中串接一个与转子电动势 E_{20} 同频率的附加电动势 E_{ab}(如图 5.6 所示)。当在转子电路中加入反电动势 E_{ab} 后,转子电路中必须要有一个与其平衡的正电动势,才能使总的电路电动势为零或稍大于零。因此转子的转速必须与同步转速保持一个适当的差值,而且 E_{ab} 越大,这个转速差就要越大。通过改变 E_{ab} 的大小和相位,可以实现调速。这种在绕线转子异步电动机转子回路串接附加电动势的方法称为串级调速。

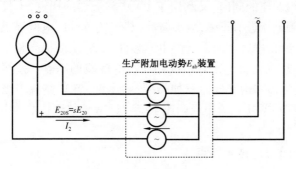

图 5.6　串级调速原理图

5.3.3.2　串级调速系统

传统的串级调速系统解决了串入的电势 E_{ab} 需要跟随转速变化而变的问题,但在调速过程中存在很多弊端。随着电力电子技术和控制策略的发展,出现了内馈斩波串级调速系统、基于 PWM 整流技术的内馈串级调速系统等比较先进的串级调速系统。

传统串级调速系统包括接线串级调速系统、电气串级调速系统、、晶闸管串级调速系统。传统调速系统因功率因数比较低,谐波含量比较大,器件容量过大且需要外接逆变变压器等弊端,已逐渐被新型调速系统取代。

内馈斩波串级调速系统是在传统串级调速的基础上,在直流回路部分增加了一个斩波器并结合斩波器的应用,提出一种利用电动机回馈绕组吸收和利用转差功率的方法。内馈斩波串级调速实现了低压向高压的转化,效率更高,将斩波和内馈两项技术进行了有机结合。与传统串级调速系统相比,内馈斩波串级调速无论转速高低,晶闸管逆变器的移相角都固定在最小逆变角,电容电压为固定值。因此在 50% 的调速范围内,即使逆变器的容量和电动机辅助绕组容量都按转子最大输出功率计算,也只有 0.3 倍左右的电动机额定功率,比传统串级调速小。功率因数比较高,可达到 0.8 左右。

利用 IGBT 构成的 PWM 整流器代替原有的晶闸管逆变器,在保留串级调速的同时,又利用了 PWM 整流器的优点,不仅可以使逆变器侧电流近似正弦,减小谐波,甚至还可以向电网提供容性无功,用于补偿串级调速系统产生的感性无功,从而提高整个系统的功率因数,也克服了原有系统存在逆变颠覆的缺点。按照不同的 PWM 整流器结构又分为三种类型:电压型 PWM 整流串级调速系统、电流型 PWM 整流串级调速系统、双 PWM 整流技术的串级调速系统。

5.3.3.3　技术特点

串级调速可以回收转差功率,即不产生转差损失,只产生一些变换损失,因此串级调速的调速效率高,是一种高效率调速方式。串级调速调速范围较大,调节的稳定性、平滑性好,具备很高的可靠性和很强的抗干扰能力。同时还具备软启动功能和多项保护功能,对欠压、过流、失波、相序、缺相、过压、频敏和瞬时停电等情况起到保护作用。

内馈斩波串级调速容易发生逆变颠覆故障,且定子电流中依然存在晶闸管逆变器产生的5、7次谐波以及二极管整流器产生的低频谐波,会对电网造成污染。串级调速所需逆变变压器本身体积较大,成本偏高。

5.3.3.4 应用实例

串级调速是一种具有良好性价比的调速节能设备,可以应用于油田油气集输系统,注水等系统中,串级调速设备运行效率高、操作简单、易于维护。

辽河油田某泵站安装了内反馈串级调速系统,通过一年的安全运行,取得了良好的节能效果。未安装设备前,通过调节阀门的方法来控制出站压力和流量,泵的出口压力为5MPa,用出口阀门节流,消耗了大量能量,日用电量约为 $1.7 \times 10^4 kW \cdot h$。在经过串级调速节能改造后,通过改变泵速达到了控制压力和流量的目的,同一台输油泵在出站工艺参数相同的情况下,泵的出口压力下降至2.4MPa,日用电量下降至 $1 \times 10^4 kW \cdot h$ 以内,每月可节电超过 $21 \times 10^4 kW \cdot h$,如果电价按 0.6 元/kW·h 计算,投资回收期为 6 个月。

辽河油田某注水站共有 4 台注水泵,因注水量发生变化,运行两台泵注水量不足,运行三台又有富余,因此采用阀门调节控制流量,造成了极大的能源浪费。经过串级调速节能改造后,日平均节电量4500kW·h,年节电量约为 $150 \times 10^4 kW \cdot h$,按电价为 0.6 元/kW·h 计算,年节省电费为 90 万元。节能改造设备投资共85 万元,投资回收期约 11 个月。

5.3.4 液力耦合器调速

液力耦合器又称液力联轴器,是应用比较广泛的传动元件,置于原动机和工作机之间传递扭矩,使泵在工作过程中能够实现无级变速。液力耦合器可分为普通型、限矩型和调速型三类。泵常用的液力耦合器为调速型液力耦合器。

5.3.4.1 调速原理

液力耦合器主要由泵轮、涡壳、转动外壳、输入轴、输出轴、勺管、大小传动齿轮、主油泵、辅助油泵等部件组成,典型的液力耦合器结构如图5.7。在原动机转速恒定的条件下,功率通过液力耦合器泵轮、涡轮之间工作液的循环流动,平稳无冲击地传递给工作机,实现功率的柔性传动。工作液经过耦合器泵轮获得能量后冲向涡轮,高速、高压的工作液冲击涡轮叶片并对涡轮做功,液体能量转化为机械能,驱动涡轮旋转并带动工作机做功。释放能量后的工作液流向涡轮出口并在此进入泵轮入口,开始下一次循环流动。若改变工作腔中液体的充满度,其传递的力矩、功率也随之改变,当工作腔内充液量减小时,力矩和功率也随之减小。因此,通过改变充液量使液力耦合器所传递的转矩和输出的转速变化实现调速。

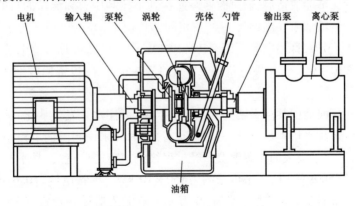

图5.7 液力耦合器结构图

5.3.4.2　调速方式

通过改变充液量的调速方式也被称为容积式调节。容积调节调速方式又分为进口调节、出口调节、进出口调节三种方式,如表5.1所示。

表5.1　容积调节的三种方式

调节方式	定义	常用结构	优缺点
进口调节	出口流量 Q_2 保持正常,通过改变进口流量 Q_1 来调整工作腔的充液量	喷嘴导管、喷嘴阀门、喷嘴变量泵、固定导管阀门、固定导管变量泵等	调速时间较长,反应不够灵敏,结构比较简单,轴向尺寸较短
出口调节	进口流量 Q_1 保持正常,通过改变出口流量 Q_2 来调整工作腔的充液量	转动导管式、伸缩导管式	调整时间短,调整精度高,反应灵敏,结构比较复杂
进出口调节	同时改变进口流量 Q_1 和出口流量 Q_2 来调整工作腔的充液量	导管阀控制式、导管凸轮控制式、阀门控制式	调整时间短,反应灵敏、降低辅助供油系统的功率消耗,可等温控制,换热能力强,结构比较复杂

5.3.4.3　调速特点

液力耦合器调速是无级调速,因此便于实现自动控制,适用于各伺服系统控制。其工作平稳,可以平稳地启动、加速、减速、停止。电动机能空载或轻载启动,启动电流低,节约电能。液力耦合器的泵轮与涡轮之间是柔性连接,隔震效果好,无机械磨损,可对系统起到过载保护作用,延长了电动机及泵的使用寿命。

液力耦合器的转速随负载变化而变化,因此不可能有精确的传动比。不适合应用于电动机额定转速较低的场合。对于大功率的液力耦合器,除本体外还要有一套供油泵、冷却器、油箱等辅助设备与管路系统,使设备复杂化。液力耦合器一旦发生故障,泵就不能继续工作。

5.3.4.4　应用实例

某成品油管道全长 450km,公称直径 350mm,最大操作压力为 9.93MPa,最大输量 860m³/h,管道全线设置 8 座泵站,每座泵站两台输油泵,其额定流量分别为 440m³/h、405m³/h。

采用液力耦合器对 8 座泵站的泵进行调速,泵机组的平均扬程从调速前的 1325m 下降至调速后的 532m,功率由调速前的 1235kW 下降至调速后的 630kW。在 650m³/h 的低输量条件下,采用调节阀调节时,16 台输油泵的运行功率为 19760kW,而采用液力耦合调速器调节后,泵扬程减小到满足实际扬程要求,16 台输油泵运行功率为 10078kW,降低了约 49%。年节约电量为 8132 × 10^4kW·h,按电价 0.6 元/kW·h 计算,年节约电费 4879 万元,投资回收期不到半年。

5.3.5　液黏调速离合器

液黏调速离合器是一种新型的液力无级变速装置,既能实现无级调速,又能完全离合,同时具有无级变速器和离合器这两种装置的功能。

5.3.5.1　调速原理

液黏调速离合器主要由主动部分、被动部分、控制系统执行元件部分、润滑密封与支撑等部分组成,其结构如图 5.8 所示。液黏调速离合器是以黏性液体为工作介质,依靠多组旋转摩擦副间隙内的流体剪切力来传递转矩动力。为了传递所需的负载扭矩,可通过改变液压系统液压油压力使主动摩擦片、被动摩擦片位置发生变化,从而改变油膜的厚度,达到调速的目的。油膜厚度越小剪切应力越大,传递转矩增大,输出的转速越高,反之输出的转速越低。

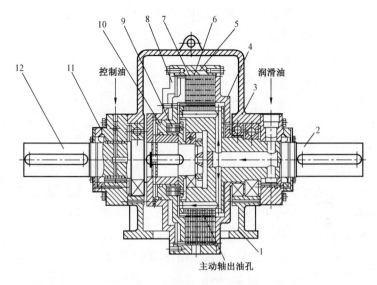

图 5.8 液黏调速离合器结构图

1—下箱体;2—主动轴;3—上箱体;4—支撑盘;5—被动毂;6—被动摩擦片;
7—主动摩擦片;8—被动盘;9—弹簧;10—活塞;11—胀圈;12—被动轴

5.3.5.2 调速特点

液黏调速离合器投资低,在相同功率下,仅是变频调速的 0.1~0.17 倍,是液力耦合器的 0.5~0.7 倍,且方便维护。可实现恒转矩传递,且调速范围宽,可在额定转速的 30%~100% 范围内无级调速,自动化程度高。电动机启动电流小,对电网的冲击小,提高电动机的使用寿命,可实现电动机零负荷启动。运行过程中主、被动摩擦片间保持完整的油膜,不致使摩擦片直接发热,冷却散热方式较好,而且能隔绝振动的传递,减少噪声,同时可对系统起到过载保护的作用。液黏调速离合器体积小,占用场地小,易于实现老设备的改造。

液黏调速离合器在工作时会发热,虽不致使摩擦片直接发热,但会引起不稳定变形,直接影响液黏调速离合器的工作稳定性。摩擦副的工作状况受多种因素影响,因此在液黏调速离合器的驱动过程中,要合理地控制摩擦副的法向力和启动转矩使液黏调速离合器能稳定工作。

5.3.5.3　应用实例

应用液黏调速离合器对油田注水泵进行调速节能效果显著,在多台注水泵并联工作的情况下,安装一台调速离合器不会影响给其他注水泵的运行,在管压有富余的情况下,可以适当降低注水量,提高节能效果。

大庆油田某注水站注水泵扬程 1650m,额定输入功率 1540kW,额定效率 75%,额定流量 250m³/h。电动机额定功率 2000kW,功率因数 0.88,电压 6300V,额定电流 216.8A。平均日注水量 217m³/h,有效注水量 150～170m³/h,泵压约 17.0MPa,管压约 15.5MPa。安装一套液体黏性调速离合器,在满足生产要求的前提下,经统计,功率由 1674kW 下降到 1260kW,节约功率 414kW。按年运行时间为 350 天,电费 0.6 元/kW·h 计算,年节约电费 209 万元。

5.3.6　永磁调速

永磁调速是国外发展起来的调速技术,20 世纪 90 年代末期开发出了永磁调速器。永磁调速作为新的节能方法在石油和石化领域有着广泛的应用。

5.3.6.1　调速原理

永磁调速器主要由导体转子、永磁转子、调节机构组成,其结构如图 5.9 所示。永磁调速是通过调节导体转子与永磁转子间的气隙,使气隙磁场的磁阻变化,从而改变负载速度。永磁调速可获得可调整的、可控制的负载转速,气隙越小,通过永磁调速器传递的扭矩就越大,负载转速越高;气隙越大,通过永磁调速器传递的扭矩就小,负载转速低。因此,在电动机转速不变的情况下,调低泵的转速时,电动机功率也会随之下降,达到降低能耗的目的。

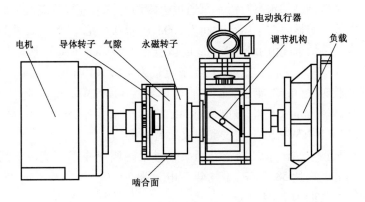

图 5.9　永磁调速系统结构图

5.3.6.2　调速特点

永磁调速可以在较宽的范围内对泵进行无级调速。调速器结构简单,维修保养成本低,使用寿命长,适应易燃、易爆、高温、低温、潮湿等恶劣场所。安装过程简单,无需精密对中。启动过程电流小,时间短,对电网无冲击,可实现空载启动或软启动。运行过程中不产生谐波,不影响电动机和电网功率因数。电动机与泵轴通过气隙传递扭矩,避免了振动的相互影响,提高了系统运行的平稳性。

永磁调速与其他调速技术相比投资费用较高。在改造过程中,泵需要有连轴器,电动机还需向后移动一段距离保证其末端有一定的安装空间,造成大部分机泵移动后安全距离不够 1m。在调速过程中,需要人工调手操器控制泵流量,增加了操作人员的劳动强度。

5.3.6.3　应用实例

随着油田的开发,产液量逐年递减,地面系统中泵的实际输量与设计输量相差也随之增大,导致泵运行负荷低、能耗高等问题。某油田采用永磁调速技术针对地面集输系统以及污水系统中输油泵、掺水泵、污水泵、升压泵等进行节能改造,节能效果显著。

某转油站掺水泵及污水泵通过永磁调速技术进行节能改造后，节电效果明显。按年运行时间为300d，电费0.6元/（kW·h）计算，掺水泵平均单耗由1.25kW·h/m^{3}降低至1.17kW·h/m^3，平均节电率达6.4%。该站掺水泵平均年节电量为4.97×10^{4}kW·h，平均投资回收期为6.62年；污水泵平均单耗由0.39kW·h/m^{3}降低至0.21kW·h/m^3，平均节电率达46.2%，污水泵平均年节电量为20.72×10^{4}kW·h，平均投资回收期为1.63年。

某污水站污水泵以及升压泵经过永磁调速技术节能改造后，平均节电率达58.34%，平均年节电量为20.28×10^{4}kW·h，平均投资回收期为2.04年。

5.4 优化运行

在油田生产过程中，可通过运用科学的管理方式以及优化运行参数提高泵系统的运行效率，从而达到节能降耗的目的。

5.4.1 泵的运行管理节能

科学的运行管理也是节能的重要措施。通过科学管理和维护提高泵的可靠性和使用寿命，避免泄漏、泵轴断裂等事故的发生也是泵的（广义）节能工作之一。泵的运行管理节能包括很多方面，首先要遵守泵房设备的操作规程，其次要认真对泵进行检修、维护和保养，最后可通过泵站的优化调度降低运行成本，提高效益。

5.4.1.1 泵的操作规程

1）泵的安装与拆卸。

泵机组安装质量的好坏，对泵能否顺利完成介质的输送任务十分重要。因此泵的安装要按照规范进行，并在安装完毕后进行试运转，综合检验设备的运转质量，使设备达到设计的技术性能。在制定试运转制度时，应遵守先空载后负载，先局部后整体，先低速后高速，先短时后长时等原则。设备试运转的技术情况应做好记录，确定全部合格后才能投入使用。

泵的拆卸方法和顺序的正确与否对于提高劳动效率、缩短工期、保证检修质量，使检修能够顺利进行具有重要作用。由于泵的型式不同，结构也不同，因此在拆卸之前，先要熟悉泵的构造，了解各部件的装配关系，掌握拆卸顺序。

2）泵的运行操作规程。

（1）离心泵操作规程。

启动前准备：泵机组周围场地应无杂物，无油污；各紧固连接件、密封件无松动、渗漏现象；检查管路及阀门是否处于完好状态；检查油环位置是否正确，轴承内润滑油是否适当；检查填料函是否正常；转动泵轴是否灵活，有无卡死现象；检查仪表、保护监控系统、高低压变频系统、软启动装置、污油系统是否正常可靠；检查供电设备、各项电气开关和电动机是否正常。

启动操作：泵入口阀全开，出口阀全关，减少启动负荷；灌泵：小型离心泵可直接灌泵，固定泵站一般用真空泵使吸入管内和泵内充满，有条件可利用高差自流灌泵；启动电动机，注意电压、电流变化情况；当泵出口压力高于操作压力时，逐步打开出口阀，控制泵的流量、压力；启动后要对机泵进行全面检查，如果发现异常情况，应立即停泵检查并排除。

倒泵操作：按启动前的检查和启动操作步骤启动备用泵；待备用泵启动后，慢关应停泵阀门，同时慢开备用泵出口阀门，使干线压力波动控制在规定范围以内，按要求停应停阀门。

停泵操作：将泵出口阀门慢慢关闭；注意干线压力，保持压力稳定；按停止按钮停泵，关闭电动机

（2）往复泵操作规程。

启动前准备：检查电动机的接地线必须牢固可靠；检查各部螺纹不得松动及防护罩是否齐全紧固；检查所有配管及辅助设备安装是否符合要求；压力表是否好用；检查十字头、柱塞等传动部件是否完好；检查泵机箱内油位；检查电动机旋转方向是否和电动机上的箭头指示一致；行程调至最大处，盘动联轴器，使柱塞前后移

动数次,各运动部件不得有松动、卡住、撞击等不正常的声音和现象。

启动操作:接通电源,按电钮启动。

停泵操作:切断电源,停泵;关闭进口阀;排出泵内液体。

(3)螺杆泵操作规程。

启动前准备:检查流程是否正确;泵周围是否清洁,不许有妨碍运行的物品存在;检查联轴器保护罩,地脚等部分是否紧固,有无松动现象;轴承盒要有充足的润滑油,油位应保持在规定范围内,油质完好;按螺杆泵的工作性质选配好适当的压力表;检查电压是否在规定范围内,外观电动机接线及接地是否正常;用手盘动联轴器,检查泵内有无异物碰撞杂声或卡死现象。

启动操作:将料液注满泵腔,严禁干摩擦;打开螺杆泵的进出口阀门后(要求阀门全开,以防过载或吸空),开启电动机;如果有旁通阀,应在吸排阀和旁通阀全开的情况下启动,让泵启动时的负荷最低,直到原动机达到额定转速时,再将旁通阀逐渐关闭。

停泵操作:停车前需要先停止电动机运行,后关闭吸入管阀门,再关闭排出口阀门(防止干转,以免擦伤工作表面)。

3)操作人员岗位要求。

操作人员是泵站管理工作的核心,提高操作人员水平对泵站的管理走向规范化、正规化具有重要作用。操作人员必须熟悉设备结构和性能,经过考试合格取得操作证后方可独立操作。操作人员要熟悉泵系统的结构及基本工作原理与工艺流程,熟悉岗位的各种规章制度,熟悉设备操作规程和事故处理方法。做到能分析设备运行情况,能及时发现故障隐患和排除故障,能掌握一般的维修技能。操作人员必须按照设备运行记录表的要求,对设备进行检查和记录,认真执行交接班制度。同时要求操作人员自我加压、自我学习,不断提高自身素质。

5.4.1.2 泵的维护与检修

泵的维护与检修需要根据泵维护检修规程对泵进行日常性维

护和周期性检修,发现异常应及时处理并建立维护运行日志和技术档案。维护检修后要符合规程要求的质量标准。

1)离心泵维护检修。

离心泵的日常维护要定时检查出口压力,振动、密封泄漏,轴承温度,各部螺栓是否松动,附属管线是否畅通等情况,发现问题应及时处理。维护过程中要严格执行润滑管理制度。

在泵的运转过程中,难免会出现故障,一旦发现故障应采用正确的方法及时处理,避免损失。离心泵常见故障及处理方法如表 5.2。

表5.2 离心泵常见故障与处理方法

序号	故障现象	故障原因	处理方法
1	流量扬程降低	泵内或吸入管内存有气体;泵内或管路有杂物堵塞;泵的旋转方向不对;叶轮流道不对中	重新灌泵,排除气体;检查清理;改变旋转方向;检查、修正流道对中
2	电流升高	转子与定子摩擦	解体修理
3	振动增大	泵转子或原动机转子不平衡;泵轴与原动机轴对中不良;轴承磨损严重,间隙过大;地脚螺栓松动或基础不牢固;泵抽空;转子零部件松动或损坏;支架不牢引起管线振动;泵内部摩擦	转子重新平衡;重新校正;修理或更换;紧固螺栓或加固基础;进行工艺调整;紧固松动部件或更换;管线支架加固;拆泵检查消除摩擦
4	密封泄漏严重	泵轴与电动机对中不良或轴弯曲;轴承或密封环磨损过多形成转子偏心;机械密封损坏或安装不当;密封压力不当;填料过松;操作波动大	重新校正;更换并校正轴线;更换检查;比密封腔前压力大 0.05 ~ 0.15MPa;重新调整;稳定操作
5	轴承温度过高	轴承安装不正确;转动部平衡被破坏;轴承箱内油过少、过多或污染变质;轴承磨损或松动;轴承冷却效果不好	按要求重新装配;检查消除;按规定添放油或换油;修理更换或紧固;检查调整

离心泵检修内容、周期分为小型检修和大型检修。一般小型检修周期为 6 个月,大型检修周期为 18 个月,在实际生产中可根据运行状况及状态监测结果适当调整检修周期。其小修项目与大修项目具体内容如下:

小修项目:更换填料密封;检查清洗轴承、轴承箱、挡油环、挡水环、油标等,调整轴承间隙;检查修理联轴器及驱动机与泵的对中情况;处理在运行中出现的一般缺陷;检查清理冷却水和润滑等系统。

大修项目:包括小修项目内容;检查修理机械密封;解体检查各零部件的磨损、腐蚀和冲蚀情况,泵轴、叶轮必要时进行无损探伤;检查清理轴承、油封等,测量、调整轴承油封间隙;检查测量转子的各部圆跳动和间隙,必要时做动平衡校检;检查并校正轴的直线度;测量并调整转子的轴向窜动量;检查泵体、基础、地角螺栓及进出口法兰的错位情况,防止将附加应力施加于泵体,必要时重新配管。

2)往复泵维护检修。

电动往复泵日常维护要定时检查各部轴承温度,出口阀压力、温度,润滑油压力、润滑油油质,密封泄漏情况,各连接部件紧固情况。泵在正常运行中不得有异常振动声响,各密封部位无滴漏,压力表、安全阀灵活好用。

往复泵常见故障及处理方法如表5.3。

表5.3　往复泵常见故障与处理方法

序号	故障现象	故障原因	处理方法
1	流量不足或输出压力太低	吸入管道阀门稍有关闭或阻塞,过滤器堵塞;阀接触面损坏或阀面上有杂物使阀闭合不严;柱塞填料泄漏	打开阀门、检查吸入管和过滤器;检查阀的严密性,必要时更换阀门;更换填料或拧紧填料压盖
2	阀有剧烈敲击声	阀的升程过高	检查并清洗阀门升程高度

序号	故障现象	故障原因	处理方法
3	压力波动	安全阀导向阀工作不正常;管道系统漏气	调校安全阀,检查、清理导向阀;处理漏点
4	异常响声或振动	原轴与电动机同心度不好;轴弯曲;轴承损坏或间隙过大,地脚螺栓松动	重新找正;校直轴或更换新轴;更换轴承;紧固地角螺栓
5	轴承温度过高	轴承内有杂物;润滑油质量或油量不符合要求;轴承装配质量不好;电动机对中不好	清除杂物;更换润滑油、调整油量;重新装配;重新找正
6	密封泄漏	填料磨损严重;填料老化;柱塞磨损	更换填料;更换填料;更换柱塞

一般往复泵小型检修周期为 6 个月,大型检修周期为 24 个月,在实际生产中可根据日常状态监测结果、设备实际运行状况、有无备用设备等情况适当调整检修周期。其小修项目与大修项目具体内容如下:

小修项目:更换密封填料;检查、清洗泵入口和油系统过滤器;检查、紧固各部螺栓;检查、修理或更换进、出口阀组零部件;检查、调整齿轮油泵压力;检查计量、调节机构,校验压力表、安全阀。

大修项目:包括小修项目;泵解体、清洗、检查、测量各零部件以及磨损情况;机体找水平,曲轴及液缸重新找正;检查减速器、调整更换各轴承;检查机身、地角螺栓紧固情况;检查清洗油箱、过滤器和油泵。

3)螺杆泵维护检修。

螺杆泵日常维护要定时检查泵排出压力,泵轴承温度、振动情况,密封泄漏、螺栓紧固情况。泵有不正常响声或过热时,应停泵检查。

螺杆泵常见故障及处理方法如表 5.4。

表5.4 螺杆泵常见故障与处理方法

序号	故障现象	故障原因	处理方法
1	泵不吸油	吸入管路堵塞或漏气;吸入高度超过允许吸入真空高度;电动机反转;介质黏度过大	检修吸入管路;降低吸入高度;改变电动机转向;加热介质
2	压力表指针波动大	吸入管路漏气;安全阀没有调好或工作压力过大,使安全阀时开时闭	检查吸入管路;调整安全阀或降低工作压力
3	流量下降	吸入管路堵塞或漏气;螺杆与衬套内严重磨损;电动机转速不够;安全阀弹簧太松或阀瓣与阀座接触不严	检查吸入管路;磨损严重时应更换零件;修理或更换电动机;调整弹簧;研磨阀瓣与阀座
4	输入功率急剧增大	排出管路堵塞;螺杆与衬套内严重摩擦;介质黏度过大	停泵清洗管路;检修或更换有关零件;将介质升温
5	泵振动大	泵与电动机不同心;螺杆与衬套不同心或间隙大、偏磨;泵内有气;安装高度过大,泵内产生汽蚀	调整同心度;检修调整;检修吸入管路,排除漏气部位;降低安装高度或降低转速
6	泵发热	泵内严重摩擦;机械密封回油孔堵塞;油温过高	检查调整螺杆和衬套间隙;疏通回油孔;适当降低油温
7	机械密封大量漏油	装配位置不对;密封压盖未压平;动环和静环密封面碰伤;动环和静环密封圈损坏	重新按要求安装;调整密封压盖;研磨密封面或更换新件;更换密封圈

　　一般螺杆泵小型检修周期为6个月,大型检修周期为24个月,在实际生产中可根据运行状况及状态监测结果适当调整检修周期。其小修项目与大修项目具体内容如下:

　　小修项目:检查轴密封泄漏情况,调整压盖与轴的间隙,更换填料或修理接卸密封;检查轴承;检查各部位螺栓紧固情况;消除冷却水、封油和润滑系统在运行中出现的泡、冒、滴、漏等缺陷;检查联轴器对中情况。

大修项目:包括小修项目内容;解体检查各部件磨损情况,测量并调整各部件配合间隙;检查齿轮磨损情况,调整同步齿轮间隙;检查螺杆直线度及磨损情况;检查泵体内表面磨损情况;校验压力表、安全阀。

5.4.1.3　优化调度

成本、效益是泵站运行管理优先考虑的目标,利用优化调度可实现降低成本、提高效益,这对石油企业具有重要意义。

泵站的效益和能耗不仅与泵的效率有关,还与电动机、变电站的效率有关,泵站运行调度不是只考虑某一台设备运行状态最佳,而是以整体配合的运行状态最优为目标。因此需要考虑多种因素以确定泵站的工作方式,包括确定不同型号泵的开启台数、泵的转速、变电站的工作方式等,使每个泵都在其高效区运行。在满足流量、扬程要求和系统安全可靠运行的前提下,充分保证站内各泵在高效区工作,使得整个泵站的能源消耗最少,从而达到节能的目的。

为了确定泵站的最优运行方式,需要研究泵、电动机和变压器等设备的工作特性,并根据工作条件找出各种设备运行方式的最优组合,以泵站机组的功率消耗最小为目标,在一定的约束条件下建立优化调度模型并对模型求解从而实现优化调度。随着人工智能算法的日益成熟,方便了对复杂的优化调度模型的求解,更好地实现了优化调度在节能工作中的作用。

5.4.2　参数优化

泵的参数优化可通过节流调节、前置导叶预旋调节和旁通调节等多种方式实现,根据生产过程中的实际情况运用不同的调节方法可达到较好的节能效果。

5.4.2.1　节流调节

节流调节是离心泵最简单的一种调节方式,是指在管路系统中设置阀门、挡板等节流部件并通过改变阀门或挡板的开度,使管路通流特性发生变化来实现泵输出流量的调节。节流调节可分为出口端节流调节和入口端节流调节。

1)出口端节流调节。

出口端节流调节是将调节阀装在泵的出口端管路上,由改变调节阀的开度而进行的工况调节。如图 5.10 所示,图中 R_1 曲线代表调节阀全开时管路系统的特性曲线,此时的工况点为 A,即泵装置的极限工况点。关小调节阀开度,管道局部阻力增加,管道系统特性曲线变陡,管路特性曲线上扬为 R_2,泵的工况点就向左移动至 B 点,流量降低。通过调节阀的开度可调节泵装置的工况点以及流量。

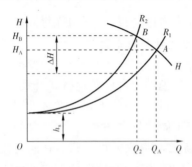

图 5.10 泵出口端节流调节

由图 5.10 可以看出,节流调节是用消耗泵的多余能头 ΔH 的办法保证一定的流量。随着节流损失 ΔH 的增加,功率损失也相应增加,系统的运行效率下降。对于低比转数泵或净扬程较大的管路特性曲线,在节流调节过程中,节流损失 ΔH 增大较缓慢,系统的运行效率下降比较缓慢。而对于高比转数泵或 h_s 较小的管路特性曲线,在节流调节过程中,节流损失 ΔH 迅速增大,系统的运行效率下降较快。因此对于高比转数泵或净扬程较小的管路特性曲线在采用节流调节时经济效果不好。

可见节流调节方式经济性较差,但节流调节操作方便可靠,调节设备简单易行,在调节量不大的中小型离心泵工作系统中仍然被使用。

2)入口端调节。

入口端调节是通过改变入口挡板的开度,使泵性能和管路系统性能同时发生变化来改变工况点的调节方式。入口节流比出口节流损失扬程少,但可能引起汽蚀、抽空等现象,一般不采用这种方法。但对串联运行的第二台泵进口处,因吸入压力有较大的余量,也可以采用。

5.4.2.2　前置导叶预旋调节

叶轮进口处的流动状态是影响泵性能的关键因素,前置导叶调节就是在泵的进口处增设前置导叶调节装置,通过转动前置导叶片,改变进入泵叶轮的液流的预旋速度来改变泵本身的特性曲线,从而调节泵的流量。前置导叶预旋调节主要适用于扬程要求变化不大,而流量有较大变化的场合。

当前置导叶预旋角较小时,通过改变导叶的预旋角使得离心泵叶轮叶片进口前除了轴向速度分量外,还有圆周速度分量,预旋调节占主导作用;而当预旋角较大时,由于前置导叶叶片区流道狭窄,节流调节占主导作用。如果前置导叶的叶型设计合理,具有良好的水力性能,且与泵叶轮的进口相匹配,则可降低导叶的流动损失和叶轮的进口冲击损失,提高离心泵的水力性能。

经过导叶所形成的速度方向与叶轮旋转方向一致时,称为正预旋;流经导叶所形成的速度方向与叶轮旋转方向相反时,称为负预旋。相对于无预旋而言,前置导叶装置产生正预旋时,最优工况点向小流量区移动,并且适当的正预旋可以减少其必需汽蚀余量而改善离心泵的吸入性能,最高效率值略有增加;而产生负预旋时,最优工况点往大流量区偏移,但液流的旋涡损失和摩擦损失也会随之增大,恶化吸入性能,使泵的最高效率降低,而输入功率却急剧增大,效率明显下降,所以应避免负预旋的出现。因此为了保证泵的高效稳定运行,前置导叶的预旋角度有一个经济范围。

前置导叶预旋调节运行负荷小、结构简单、成本相对较低、具有较好的实用性、经济性和可靠性,是一种高效且操作方便的工况调节方法。

5.4.2.3　旁通调节

旁通调节可应用于离心泵、往复泵、螺杆泵的运行调节。旁通

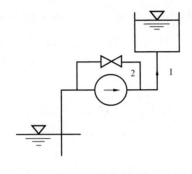

图 5.11　旁通调节

调节是在泵的出口管路上安装一个带调节阀门的回流管路,如图 5.11 所示。当需要调节输出流量时,通过改变回流管路 2 上阀门的开度,在泵运行流量不变的情况下,改变输出流量,达到调节流量的目的。

旁通调节的经济性比节流调节还要差,而且回流的流体会干扰泵入口的流体流动,影响泵的效率;泵流量和输入功率会增加,可能超过额定功率;大部分功率浪费在回流流体的阻力损失上。旁路调节虽然不经济,但在某些场合下仍可使用,如给水泵有时需要将流量调节到很小,这时只用节流方法难以精确调节,则可用回流调节作为补充手段。另外,在往复泵以及螺杆泵的启动过程中也常用旁路调节实现流量变化,确定泵的合理运行参数。

5.4.3　离心泵的联合运行

在油田实际工程中,在单台泵不能满足工艺上的需要时,需要将两台或多台泵并联或者串联在一个共同的管路系统中联合运行,以增加流量或提高扬程。正确选用离心泵的串、并联方式,使得串、并联的泵处于高效工况,从而达到节能的目的。

5.4.3.1　串联运行

串联运行是指管路系统中两台以上的离心泵,前一台泵向后一台泵的入口输送液体的运行方式。一般来说,泵串联运行的主要目的是为了提高扬程。在选用单台泵虽能满足流量要求而扬程达不到要求情况下,通常采用两台或多台泵串联的方式来达到所需的扬程。实际工作中通常在下列情况下采用串联运行方式:

1)设计或制造一台高扬程泵比较困难。

2)在改建或扩建过程中,原有泵的扬程不足以满足要求。

3）工作中需要分段升压。

4）为防止高转速泵入口液体的压力低而发生汽蚀,采用串联前置泵进行升压。

串联运行的工作特点是:串联后的总流量与每台泵的流量相等,扬程等于每台泵的扬程之和。图 5.12 是两台相同性能泵串联运行的流量—扬程曲线。

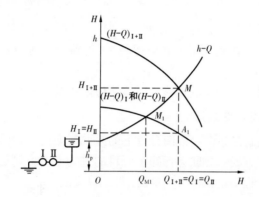

图 5.12　泵串联运行时流量—扬程曲线

从图 5.12 中可见,泵串联运行时,把管路中串联泵的$(Q-H)_{\text{I},\text{II}}$曲线上相同横坐标所对应的各个纵坐标相加,就可得到串联后的$(Q-H)_{\text{I}+\text{II}}$曲线,它与管道系统特性曲线交于 M 点。M 点即为串联运行的工况点,此时的流量为 $Q_{\text{I}+\text{II}}$,扬程为 $H_{\text{I}+\text{II}}$。自 M 点引垂线分别与各泵的流量—扬程曲线相交于 A_1 点,A_1 点即为两台单泵在串联运行时的工况点。

但两台泵串联后的扬程虽等于两台泵扬程之和却小于两台泵单独工作时扬程之和,因为串联后的管路流量增大,阻力损失也随之增大,导致串联后的扬程与单泵运行时的扬程相比不能成倍增加。管路阻力损失越大,串联扬程与两台泵单独运行时的扬程之和相差也越小,反之,管路阻力损失越小,串联扬程与两台泵单独运行时的扬程之和相差也越大,为提高扬程而采用串联工作的效果就越差。所以,两台性能相近的泵串联运行时,扬程的增加量不取决于泵本身,而取决于管路特性曲线的平坦与陡峭程度。

在泵串联运行时,应注意串联的各台泵的性能是否接近。如果泵的性能相差较大,就不能保证串联的泵都在较高的效率下运行,严重时,可使小泵过载或者不如其单独运行。为使串联运行的泵取得较好的效果和较大的正常工作范围,应注意以下几点:

1)串联台数不宜过多,以两台为宜。

2)串联方式适合用于静扬程较大、管路特性曲线较陡的工作管路系统。

3)串联运行的泵的性能尽可能相似或相匹配。

5.4.3.2 并联运行

并联运行是指两台或两台以上的泵同时向同一管路系统输送流体的工作方式。并联运行的主要目的是为了增大输送液体的流量。实际工程中也常在下列情况下采用并联运行:

1)设计制造大流量的泵困难较大时。

2)运行中系统需要的流量变动较大,且采用一台大型的泵运行经济性较差。

3)分期建设中要求前期工程所用泵经济运行,后期扩建后满足流量增长需求。

4)系统为了保证运行的安全可靠性和调节的灵活性,设置有并联的备用设备。

并联运行的工作特点是:输出的总流量为每台泵输出的流量之和,总扬程等于每台泵的扬程。图 5.13 是两台相同性能泵并联运行的流量—扬程曲线。

由图可知,两台泵并联运行的结果是在同一扬程下流量相叠加。在 $(H-Q)_{I、II}$ 曲线上任取数点,然后在相同纵坐标值上把相应的流量加倍,就可得到并联后的总特性曲线 $(H-Q)_{I+II}$。管道特性曲线 $h-Q$ 与 $(H-Q)_{I+II}$ 相交于 M 点。M 点即为并联工况

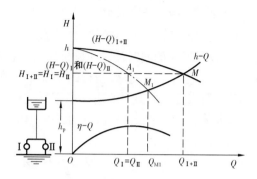

图 5.13 同性能泵并联运行时流量—扬程曲线

点,其横坐标为两台泵并联运行的总流量 Q_{I+II},纵坐标等于两台泵的扬程 H_{I+II}。通过 M 点做横轴平行线,交单泵运行特性曲线于 A_1 点,A_1 点即为并联工作时各单泵的工况点。其流量为 $Q_{I,II}$,扬程 $H_I = H_{II} = H_{I+II}$。

与串联类似,两台泵并联后的流量虽等于两台泵流量之和却小于两台泵单独工作时的流量之和。并联后的管路流量增大,阻力损失也随之增大,必须通过提高扬程保持能量平衡,导致单泵流量减少,并联后的流量与单泵工作流量相比不可能成倍增加。管路的阻力损失越大,并联运行的流量与两台泵单独运行时的流量之和相差较大,为提高流量而采用并联运行的效果就越差。因此两台性能相近的泵并联运行时,流量的增加量不取决于泵的本身,同样取决于管路特性曲线的平坦与陡峭。

在并联运行中同样要考虑并联泵的性能是否接近。在并联运行时可能出现某一台泵无法工作或工作不稳定。为使泵并联运行能取得较好的效果和较大的正常工作范围,需要注意以下问题:

1)并联台数尽量少,两台为宜。

2)工作管路系统的流动阻力损失要小,管路特性曲线要平坦。

3)并联运行泵的性能应尽可能相近,最好性能相同。

4)并联运行的泵的 $H - Q$ 性能曲线,陡降型较平坦型效果好。

5.4.3.3 正确选用串、并联方式

根据串、并联运行的特性可知:同一管路系统中与泵单独运行比较,串联运行在扬程增大的同时流量也随之增加;并联运行在流量增加的同时扬程也增大了。流量、扬程的增加量不在于泵的本身,而取决于管路,泵所提供的能量与管路所消耗的能量始终保持平衡。无论是增大流量还是提高扬程,既可采用串联也可采用并联,因此需要正确选择串、并联方式。

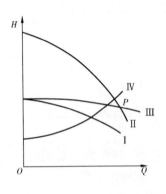

图 5.14 离心泵串并联临界点

如图 5.14 所示,Ⅰ 至 Ⅳ 分别表示为两台性能相同的泵流量—扬程曲线、并联运行曲线、串联运行曲线和管路特性曲线。并联运行曲线与串联运行曲线相交于 P 点,称为串并联临界点。如果管路特性曲线也交于 P 点,此时串并联的流量、扬程相等,运行效果相同。当交于 P 点的左侧,可以看出串联流量大于并联的流量,扬程也高于并联。当交于 P 点的右侧,并联流量大于串联流量,并联扬程高于串联扬程。

在实际中选择泵联合工作方式时,尤其是性能相同泵联合工作方式的选择,应具体问题具体分析,根据管路的阻力特性选择串并联方式。无论是为了增加流量还是为了提高扬程,在平坦的管路特性曲线上工作时,应采用并联运行而不采用串联运行,流量增大的效果较好。反之在陡峭的管路特性曲线上工作时,应采用串联。

泵机组和泵系统节能降耗是一个系统工程,它不仅要求设计部门、制造部门和材料开发与供应等部门多方面合作生产更多的高效产品,更需要用户正确使用以及科学管理。在节能降耗过程

中首先要强化节能意识,例如在采购泵的过程中要重视节能因素,不可只考虑产品的使用条件或为降低成本而选用廉价的泵。其次要理解科学的节能观念,传统的节能概念是不完整的。传统的节能概念只注重提高泵的效率指标,而科学的节能概念不仅要考虑效率,还要考虑维护、保养方面的内容,从而避免各种事故的发生。另外,泵的节能途径和方法是多种多样的,要根据不同节能技术的特点并结合实际情况选择适当的节能改造技术,要善于对泵和系统进行检测分析,使泵在最优的工况下运行,以达到节能降耗的目的。与此同时,要大胆引用新技术,寻求更合理、更经济的节能措施,更要不断探索创新,设计出性能更好的高效泵。

参 考 文 献

[1] 倪玲英. 工程流体力学[M]. 东营:中国石油大学出版社,2012.

[2] 姬忠礼,邓志安,赵会军. 泵与压缩机[M]. 北京:石油工业出版社,2008.

[3] 禹克智,张嘉卿. 油田常用泵使用与维护[M]. 石油工业出版社:北京,2010.

[4] 禹克智. 油田常用泵技术问答[M]. 北京:石油工业出版社,2011.

[6] 李福庆. 螺杆泵[M]. 北京:机械工业出版社,2010.

[7] 穆剑. 油气田节能监测工作手册[M]. 北京:石油工业出版社,2013.

[8] 穆剑. 油气田节能[M]. 北京:石油工业出版社,2015.

[9] A. A. 洛马金. 离心泵与轴流泵[M]. 北京:机械工业出版社,1978.

[10] 杜栋,庞庆华. 现代综合评价方法与案例精选[M]. 北京:清华大学出版社,2005.

[11] 胡永宏,贺思辉. 综合评价方法[M]. 北京:科学出版社,2000.

[12] 穆为明,张文钢,黄刘琦. 泵与风机的节能技术[M]. 上海:上海交通大学出版社,2013.

[13] 俞伯炎,吴照云,孙德刚. 石油工业节能技术[M]. 北京:石油工业出版社,2000.

[14] 黄志坚,袁周. 工业泵节能实用技术[M]. 北京:中国电力出版社,2013.

[15] 屠长环,刘福庆,王亚荣等. 泵与风机的运行及节能改造[M]. 北京:化学工业出版社,2014.

[16] 关醒凡. 我国泵技术的发展与展望[J]. 通用机械,2005(9):38–41.

[17] 张国钊,李铁军. 原油离心泵性能曲线的换算[J]. 天然气与石油,2011,29(6):4–6.

[18] 何希杰,劳学苏. 螺杆泵及其应用[J]. 通用机械,2008(2):26–29.

[19] 刘国豪,张志军,黄晓真等. 输油泵机组运行效率的测试与分析[J]. 油气储运,2008,27(6):31–33.

[20] 任羽斌. 油泵效率测试研究[D]. 西安:西安石油大学,2013.

[21] 刘鑫,KARNEY Bryan,RADULJ Djordje 等. 热力学法在泵性能测试中的应用及与传统方法的比较[J]. 机械工程学报,2015,51(10):190–195.

[22] 徐起,张吉申,魏亚平. 确定水泵效率的热力学法[J]. 河北联合大学学报(自然科学版),1985(1):69–77.

[23] 刘国豪,孙家勇,徐彦博等. 输油泵效率的不确定度分析[J]. 油气储运,2009,28(5):44–47.

[24] 孙红霞,仪垂杰,郭健翔等.企业节能评价方法研究及应用[J].工业技术经济,2007,26(11):105-107.

[25] 史梦洁,石坤,许高杰等.灰色关联度综合评价法在能效测评中的应用研究[J].电气应用,2013,S1:391-395.

[26] 范明月,成庆林,刘国豪.基于灰色关联的输油泵节能运行综合评价[J].节能技术,2015,04:313-315.

[27] 宦月庆.泵系统的经济运行评价及节能增效技术研究[D].南京:南京工业大学,2010:12-25.

[28] 姚立奎.油田离心泵能量损失分析及对策[J].中国设备工程,2009,03:35-36.

[29] 马雄飞.提高离心泵效率的探讨[J].机械工程师,2012,06:148-150.

[30] 幺刚,高延宁,胡庆明.高压变频器及大功率螺杆泵在原油集输系统中的应用[J].石油石化节能,2008,6:51-53.

[31] 王淑超.文南油田注水泵站节能优化监控系统研究与设计[D].华中科技大学,2004.

[32] 祁琦.液压电机叶片泵能量转化效率的分析[D].兰州理工大学,2008.

[33] 王剑华.有效提高液压传动效率的途径[J].机械制造,2004(07):56-57.

[34] 董增有.萨中地区注水系统效率计算与分析研究[D].大庆石油学院,2003.

[35] 李虹霖.地面工程节能技术措施[J].石油石化节能,2014,08:21-22.

[36] 陈殿军.输油泵机组变频调速节能技术的研究[D].大庆石油学院,2009:8-18.

[37] 向淼,刘海华.GS型高效节能单级双吸离心泵[J].上海节能,2014,01:14-15.

[38] 王金龙.正确选择离心泵的串并联方式[J].石油商技,01:30-32.

[39] 桂绍波,曹树良.离心泵前置导叶预旋调节的理论分析[J].水泵技术,2008,06:1-6.

[40] 赵宗彬,朱斌祥,李金荣等.三元流技术在循环水泵节能技术改造中的应用实践[J].流体机械,2014,03:44-47.

[41] 王晓蓉,李远兵,张三辉等.PCP自控技术在中原油田离心注水泵站的应用[J].科技情报开发与经济,2010,21:166-169.

[42] 郝巨虎.离心泵叶轮切割律的应用[J].山西焦煤科技,2009,S1:91-93+155.

[43] 李光耀,陈伟华,李志强等.电动机高效再制造简介[J].电动机与控制

应用,2012,04:1－3.

[44] 张玉胜,吴建华,孟弯弯等. 变角调节技术在小型离心泵流量调节中的应用研究[J]. 中国农机化学报,2016,02:237－239＋266.

[45] 邹俊杰. 鼠笼式拖动电动机变极调速原理及分析[J]. 船电技术,2006,04:28－30.

[46] 马瑞,莫岳平,钱坤等. 斩波式内反馈串级调速系统在离心泵工况调节中的应用[J]. 电工电气,2016,05:29－32.

[47] 李冬冬,刘建频,匡俊等. 永磁调速技术节能研究[J]. 黑龙江科学,2014,04:26－27.

[48] 李心怡. 特稠油、超稠油集输技术综合研究与应用[D]. 大庆石油学院,2008.

[49] ISO/TR 17766—2005,Centrifugal pumps handling viscous liquids－Performance corrections[S].

[50] GB/Z 32458—2015,输送黏性液体的离心泵性能修正[S].

[51] JB/T 8644—2007,单螺杆泵[S].

[52] GB/T 10886—2002,三螺杆泵[S].

[53] GB/T 12497,三相异步电动机经济运行[S].

[54] SY/T 6837,油气输送管道系统节能监测规范[S].

[55] GB/T 3216－2016,回转动力泵水力性能验收试验1级、2级和3级[S].

[56] SHS 01013－2004,离心泵维护检修规程[S].

[57] SHS 01015－2004,电动往复泵维护检修规程[S].

[58] SHS 01016－2004,螺杆泵维护检修规程[S].